U0607002

Excellent
Responsibility
Work
Responsibily

责任过硬，实干担当

责任担当使命，实干成就未来

叶 磊 ■著

 中华工商联合出版社

图书在版编目（CIP）数据

责任过硬，实干担当 / 叶磊著 . -- 北京：中华工
商联合出版社，2018.12（2024.2重印）

ISBN 978-7-5158-2084-2

Ⅰ . ①责… Ⅱ . ①叶… Ⅲ . ①责任感—通俗读物
Ⅳ . ① B822.9-49

中国版本图书馆 CIP 数据核字（2018）第 280678 号

责任过硬，实干担当

作　　者：叶　磊
责任编辑：于建廷　王　欢
营销总监：姜　越　郑　奕
营销企划：张　朋　徐　涛
营销推广：王　静
封面设计：周　源
责任印制：迈致红
出　　版：中华工商联合出版社有限责任公司
发　　行：中华工商联合出版社有限责任公司
印　　刷：三河市同力彩印有限公司
版　　次：2019 年 2 月第 2 版
印　　次：2024 年 2 月第 2 次印刷
开　　本：710mm×1020mm　1/16
字　　数：240 千字
印　　张：13
书　　号：ISBN 978-7-5158-2084-2
定　　价：69.00 元

服务热线：010-58301130
销售热线：010-58302813
地址邮编：北京市西城区西环广场 A 座
　　　　　19-20 层，100044
Http: //www.chgslcbs.cn
E-mail：cicap1202@sina.com（营销中心）
E-mail：gslzbs@sina.com（总编室）

工商联版图书
版权所有　盗版必究

凡本社图书出现印装质量问题，
请与印务部联系。
联系电话：010-58302915

责任过硬　实干担当

责任，是个永恒的话题。古今中外，人们无时无刻不在持续地探讨着、实践着。而责任的含义，也在随着时代的变迁而赋予新的内容，随着社会的进步而展现新的形式。

人的一生，其实也可以说是责任担当的一生。人自出生来到这个世界上，责任就伴随着他一同漫步在旅途中，只是由于诸多因素，如教育、环境、时代的不同而造成对责任的担当有着天壤之别。能够担当多大的责任，是一个人能否在他选择的道路上，比他的同伴、同时代的人走得更远、更矫健的决定因素。

同样，企业自它成立的那一刻起，社会责任便会与它的整个运行如影随形。企业在整个运行的过程中，由于社会环境、价值观的取向、文化认知水平的不同，企业社会责任的履行会有截然不同的表现形式。一些企业能不断地战胜困难，实现既定的远大理想，因而就能历久不衰，成为百年老店。

诚然，人人都渴望在有限的岁月里，成为人生舞台上的领舞者。如何把愿望变为现实？把追求变为行动？把不可能变为可能？这就需要对责任有深刻的理解；对责任感的认知有独到之处；对责任的担当有过人之举。

本书就是基于此，把责任的内涵、责任的履行，与我们的日常生活紧密相连。帮助朋友们在平凡的社会生活中去实现自己的远大抱负；在春去秋来的岁月中，积淀责任担当的快感；尽量减少在前行方向上的偏差。

由于本人的水平有限，社会阅历不深，对责任的认知有不到位、不全面的地方，敬请大家批评指正。

叶磊

2017.1

$\mathbf{C}$目 录
Contents

理念篇　理解责任，才能坚定方向

行动篇　落实责任，实干担当

看清责任，才能选对方向

　　人民教师章文珍说："责任是什么？责任就像你身体的质量，没有它你必将会飘飘然起来，放浪自由，却没有前进的目标。"雄鹰看到蓝天的广阔，知晓自己的责任在天穹，便振翅高翔，自由而高傲；飞瀑看到峭崖的险绝，明白责任的紧迫，便一泻千里，流银泻玉，灵动如龙；海燕看到巨浪的汹涌，懂得了履职需要勇气，便引吭高歌，乘风破浪，大气巍然。在雄鹰、飞瀑、海燕内心深处涌动的是责任意识，是责任促使它们面对生活的现实，在前行的方向上做出了果断的抉择。

　　人生，有时也面临很多选择。这种选择对人的一生影响是深远的。选择了方向也就确定了目标。一个没有方向的人，何谈快乐、幸福？何谈人生的意义、肩负的责任？任何时候，我们都要保持清醒的头脑，问问自己是谁，到这来干什么、准备到哪里去、承担着什么责任，然后再选择正确的方向奋力前行。

第一章　世界上没有毫无责任的人

人一旦来到这个世界，责任就会伴随他走过漫漫的人生旅途。旅途中，岁月可以变迁、角色可以更替，但成长需要我们每个人用责任来承担。

万事万物，各有其责

万事万物，各司其职。每个人都应当奋力地走好自己的一生，并尽可能地在这个世界上留下点什么。

一件物品，自从它诞生以后，就在忠实地履行着自己的使命。一张桌子，默默无闻地为主人服务，尽自己的最大力量履行桌子的责任，直到其生命的终点——毁损，或者主人认为其

在这个世界上，最渺小的人与最伟大的人同样有一种责任。

——（法）罗曼·罗兰

使命完成，才会结束它作为桌子的所有责任。而我们不能让桌子去履行凳子的责任，因为那不是它的职责。

有人会问，在日常生活中，我们不是有时会说某某是个不负责任的人吗？其实，这是概念上的混淆。这种情况通常是指某人在某件工作或者事物上的一种态度，并以此来主观地推断此人的人生历程，这往往会出现偏颇。

仔细观察我们身边的人，我们给他下这种结论的时候，都是因为一件具体的工作而引起的。认真地分析会发现，此人之所以会在这种场合、这种时候表现自己的这种态度，原因是多方面的，但主要是他认为这些事触犯了自己的利益、自己受到了伤害。再深入地了解，此人对待其关心的事却是很动脑筋的。比如，单位每每会遇到这种情况：办公室的卫生他漠不关心，而自己的衣着打扮却格外认真；给单位买东西大方得很，花自己的钱却斤斤计较、精打细算；在单位工作一点不多干、一点不吃亏，回到家里干起家务却忙个不停——你能说此人是个不负责任、没有责任心的人吗？

这些人不是没有责任心，不是做不好某些事情，而是其对待该项工作的态度与"村规民约"相悖。我们不否认有些人的世界观存在问题，他们在整个社会、整个单位只是少数，或者理解为个案。

作为一个企业的领导、一个部门的负责人，在观察、任用员工的时候，要保持冷静的头脑，理性地甄别，用阳光和包容的心态去处理事情，用开放和豁达的态度去对待每一位员工，这样就会调动大家的工作热情，激发大家积极负责的工作潜质，把不利因素转化为积极因素，营造一个充满责任感和正能量的工作、生活氛围。在这样的氛围中，耕耘好自己的"责任田"。每个人把自己的"责任田"耕耘到位，一个单位的运行就会是健康的、顺畅的。

西汉末年，吕后掌权，吕氏家族权倾朝野。公元前180年，吕后去世，陈平与太尉周勃联合起来，平灭了诸吕，拥立代王刘恒为孝文皇帝。在新的政权当中，陈平再次当上了丞相。不过他主动把右丞相的位置让给了周勃，自己退居其次，当了左丞相。

有一次，文帝问右丞相周勃："天下一年审判的案件有多少啊？"周勃说："对不起，我不知道。"文帝又问："天下一年的钱粮收入和支出是多少啊？"周勃再次说："对不起，我不知道。"一边说，一边害怕得浑身冒汗，后背都湿透了。

于是文帝转过身来问陈平同样的问题。陈平从容地回答："这些事情由专人负责。"皇帝问："负责的人是谁啊？"陈平说："陛下问打官司的事情，可以找廷尉；问钱谷的事情，可以找治粟内史。"皇帝说："既然事情都有人负责了，那么你这个丞相负责什么啊？"陈平说："主要是负责官员的选拔任用。如果陛下您不知道官员的好坏，错误地使用了不合格的人，那么就要追究丞相的责任。"

文帝非常赞同陈平的主张。右丞相周勃非常惭愧，出来以后忍不住责怪陈平说："这么好的回答，你怎么平时没有告诉我呀！"陈平笑着说："您在这个位置上，怎么能够不知道自己的岗位职责呢？假如皇帝问你长安城里有多少盗贼，你也准备勉强回答他吗？"

可见，各司其职、各尽其责自古有之，现代社会需要的是履职的"专家"，不是"万金油"式的人。

哪些是自己必须掌握的，必须清楚的，哪些是属下必须明白的，心中要有一个界限，有一本明白账。否则，在当今科技日新月异的时代，要么什么也没有搞懂，什么也没有搞明白；要么是什么都去负责，结果什么也负责不了。我们要求尽责，前提是搞清其责任是什么。万事万物，概莫能外。

岁月变迁，责任不变

时间的长河滚滚前行，人生没有返程票，尽管其间会有坎坷、迷茫，但前进的步伐却不会停歇。随着岁月的延续，人的经历也在慢慢积累，其间如影随形的是我们每时每刻承担的责任。

　　人，是社会的一分子，社会责任有他的一份，当然人生的不同阶段，责任的大小会有所不同；每个人所处的时代不同，其承担的责任也会有所区别。

　　远古时代，人的责任看起来主要是抵御自然灾害、努力生存和繁衍，为维护族群利益进行斗争，其实不尽然，他们的社会责任并不比现代的我们差。由于受生产力和生产关系发展水平的限制，当时人们承担责任的表达方式用现在的眼光来看，虽然简单一些、单纯一些，但是在当时的环境下，责任的重担和责任意识一点也不比现在的人们轻松与淡薄。人们熟知的《二十四孝》中有个"王祥卧冰"的事例，就很能说明问题。

　　　　古时候，有一个叫王祥的小孩子，他的生母去世了，父亲又娶了一个妻子，成为王祥的后母。后母不喜欢王祥，可是，王祥很听后母的话，后母叫他做的事，他都尽力做好。

　　　　一个寒冷的冬日，后母生了病，想吃活鱼，要王祥到河里去捉鱼。当时天下着大雪，北风呼呼地吹着，河水早已结冰，怎样才能抓到鱼呢？

　　　　王祥想："我可以用体温使冰块融化啊！"于是他脱掉衣服，卧在冰上。刺骨的寒冰冷得他牙关打颤，全身颤抖，但他仍然顽强地忍受着、忍受着……终于，他身体下的冰块裂开了，两条鱼跳了上来。王祥大喜，抱着鱼飞奔回家，煮鱼给后母吃。

"谁言寸草心，报得三春晖。"王祥用自己的行动作了回答。

王祥的行动不仅仅是在履行好自己当儿子的责任，更是在向全社会展示一种社会责任。不要一味地要求别人如何履行责任，要从自己做起。要宽容对待身边的人和事，要感恩你身边的人和事，不要苛刻身边的人和事，这就是责任在岁月的长河中延绵不断能够传承的文化基因。

这里面除了王祥的孝心以外，恐怕是王祥作为儿子的社会责任在驱使他。后母想吃鱼，尽管是冰天雪地，又没有什么生产工具，王祥怎么办？他用行动作了回答。故事能流传至今，我们无从考证它的真实性，但它流传的是一种责任，是人们相互之间一种爱的责任、友善的责任、宽容的责任。这些责任集中在王祥身上，此时的王祥，就是这种爱的责任的典型代表。

责任在企业也是一样。因为自从有了人类以来，分工与合作就形影不离，是一个有机的整体，在这个过程中，每个人只有尽到自己的责任，合作才会持续地运转下去，社会才能进步发展，才能有序运行。小到一个班组，大到一个公司乃至一个国家，都需要用责任这只无形的双手把它凝聚起来。这就解释了为什么有些单位人心齐，效益好，能持久发展，有些企业还建成了百年老店；而有些企业生命的周期却很短暂。抛开其他因素，企业中上至总经理下至普通员工的责任心、责任意识起着决定性的作用。企业产品的质量，决定着这个企业的生命，质量控制不是一个人的事，是所有员工责任的集中反映，员工的责任感是决定企业继续发展或者就此终止的撒手锏。

我们每一位员工都要珍惜眼下的工作，承担起对岗位的责任，敬畏这份工作在社会责任中的分量，让责任意识在岁月的流逝中通过我们而继续传承下去。

被新疆克孜勒苏柯尔克孜自治州乌恰县牧民称为"白衣圣人"的吴登云，在近半个世纪的岁月中坚守着一份责任，续写着"天使"的辉煌。

1963年的盛夏，年轻的吴登云从扬州医学专科学校毕业，来到了新疆克孜勒苏柯尔克孜自治州乌恰县。几十年来，他带着对边疆各族人民的深厚感情，刻苦学习，救死扶伤，无私奉献，成为帕米尔高原上各族人民爱戴的优秀医生，为民族团结、解决民族地区缺医少药问题，做出了重要贡献。

吴登云如一株坚韧的胡杨扎根在戈壁荒滩近半个世纪，把自己的全部献给了那里的人民。几十年来，他无偿献血30多次，把7000多毫升血输进各族同胞身体里；他为挽救一个全身皮肤50%以上被烧伤的两岁儿童，从自己腿上取下13块邮票大小的皮肤移植给患儿；他为给病人创造良好的就医环境，提出一个"十年树木工程"，硬是在戈壁滩上建起了一座园林式的医院。他常年坚持在牧区巡诊，足迹踏遍乌恰县9个乡30多个自然村，成了当地农牧民心中的"白衣圣人"；他的事迹在民歌中传唱，被拍成了电影、电视剧；他先后被评为全国劳动模范、全国双拥先进个人、全国优秀共产党员，光荣地当选为党的十六大、十七大、十八大代表。

吴登云在岁月的变迁中，执着地坚守着为边疆人民提高医疗服务水平的责任。几十年来，他没有想回到内地的家乡，没有因为条件艰苦而放弃。这是他对祖国的热爱，对边疆人民的承诺。

中华民族能够延续发展几千年，靠的正是这种对责任不变的坚守。一个单位、一个企业如果能够传承这种文化理念，成为百年老店是可能的；每一个中华儿女，在人生的道路上，在自己的本职岗位上，都践行这种优秀传统美德，世界民族之林永远都会有中华民族的声音。

身份不同，责任相同

人类社会的每一个发展阶段都有其自身的秩序，秩序的运行中，起着核心作用的就承担责任的人。这些人可能岗位不同，职责不同，但压在身上的担子的形式是一样的。

为了维护良好的社会秩序，需要有一支警察队伍，这支队伍必定会有分工。尽管他们的工作分工不同，但其必须完成好自己的工作任务，履行自己的工作职责，这样才能保持这支警察队伍能正常履职尽责。

履职尽责如同自行车的链条一样，是一个无缝的且相互依托的高度统一的整体，在链条的运转过程中，你能说哪一点重要哪一点次要？一个单位如此，整个社会更是如此。

蚂蚁是大家再熟悉不过的一种小动物，研究表明，蚂蚁群落的管理是非常完美的。工蚁负责劳作，蚁后负责繁衍，各司其职，井井有条，遇有外敌齐心协力，奋勇抵抗。正是因为分工明确、责任具体，才使得蚂蚁这个看似十分弱小的动物能在整个地球上生生不息。

绿色环保、可持续发展是文明社会的重要标准。环保的目的是要能够可持续地发展，要做到这些，各部门、各行业，乃至每一个人都要在这个大系统中完成自己的使命，即责任。

之所以会有污染存在，就是在这个系统中某一个环节不顾上游下游的链接而不计后果地"独行"。这种"独行"的危害就是污染，就是只顾自己的利益，不管对社会的责任。到头来是自己把自己的路挖断了——事业的失败，计划、规划的不可持续，发展平台的消失。你连自己的平台都没有了，何谈责任？更别说责任意识的传承。

　　孟子小的时候非常调皮，孟母为了让他接受好的教育，费了很多心血。

　　起初，他们的家在墓地旁边。孟子就和邻居的小孩一起学着大人跪拜、哭嚎的样子，玩起办理丧事的游戏。孟母看到了，就皱起眉头："不行！我不能让我的孩子住在这里！"

　　孟母带着孟子搬到市集旁边去住。到了市集，孟子又和邻居的小孩，学起商人做生意的样子。一会儿鞠躬欢迎客人，一会儿招待客人，一会儿和客人讨价还价，表演得像极了！孟母知道了，又皱皱眉头："这个地方也不适合我的孩子居住！"

　　于是，他们又搬家了。这一次，他们搬到了学校附近。孟子开始变得守秩序、懂礼貌、喜欢读书。这个时候，孟母很满意地点着头说："这才是我儿子应该住的地方呀！"

　　这句话集中地表达了孟母对孩子教育责任的履行。

　　孟母对于孟子而言，母亲的身份是永恒不变的，从她在孟子的不同成长阶段担负的教育责任来看，身份却又是不同的。孟子小时候，孟母的主要责任是保证孟子健康成长；孟子长大后，教育孟子就变为主要任务。这个时候的孟母即是母亲，又是教师，双重身份，孟母身上的责任一直在增加，在延续。

　　孟子后来成为伟大的思想家、教育家、儒家学派代表人物，与社会环境对他的熏陶感染有很大关系。可见孟母对子女教育责任的理解多么高深。

一个母亲的责任在子女成长的不同阶段的表达方式是不同的。其实母亲的爱，在儿女成长的整个过程中，变换了多种身份，而爱的责任始终如一。在社会有序运转的过程中，不会因为身份的不同而使责任的内涵与外延有刹那的间断。

一个将军与一个士兵，在他们身上凸显的职责、肩负担子的分量肯定是不同的，他们不能因为有不同的职责，而降低履职过程中的标准。

一次演习中，红蓝双方都出动了轰炸机与干扰机，双方投入的兵力以及指挥员的能力可谓旗鼓相当，演习的结果却是红方输了。战后总结发现，指挥员的决策没有问题，飞行员的战术运用与时机的把握没有问题，问题出现在传给飞行员的情报上。进一步查找是雷达传输信息有误差，最后检查的结果是雷达标图员由于高度紧张而产生的一个失误。

雷达标图员只是一整部雷达运转的一个环节，也是整个演习过程众多环节中的一环，但它影响了整个战役的成败。为什么？将军与士兵身份不同，职责不同，我们能说他们在履职中有不同的标准吗？我们能说责任会因身份不同而孰轻孰重吗？

很多时候，我们在不同的岗位，不同的单位，以不同的身份工作着，但有一种社会责任把大家凝聚在一起，履行着相同的职责和承担着相同的责任，那就是志愿者。在消防的队伍里，就有这样的志愿者。

我曾观摩过一场来自不同岗位，不同单位，不同年龄的非现役消防队伍的特殊比武。他们虽然不专业，但很敬业；虽然不娴熟，但很熟悉；虽然不精炼，但很流畅，是共同的责任，模糊了他们的不同身份。

有三个团队，留给大家的印象特别深刻。一个是以基层派出所民警为主力的队伍。他们脱下警服，换上消防服，退下子弹夹，拧开了消防栓，抓水带的手腕有扭犯人的狠劲，握水枪的姿势有打靶的气势，每一个动作要领干净利索，不拖泥带水，自然流露出威武的阳刚之美；一个是以干部职工为主力的街道办事处志愿队。50 岁的平均年龄，30 岁的工作热情，不麻利但很沉着，不快捷但很稳健，每一个有板有眼的把式，掩不住经历的积淀和经验的积累；一个是以退伍老兵为主力的商场保安队。火场就是战场，火情就是命令，健硕的步伐，迅捷的动作，可与现役消防官兵比高低。

他们的出色表现，让人对志愿者这个群体肃然起敬。消防，作为一个岗位，那是一份沉重的责任。他们的真实身份各不相同，为了社会的安宁，为了人们的安全，他们又履行着相同的责任。社会需要他们，人们尊重他们，这也是人类文明进步的产物。

社会是个大家庭，岁月在变迁，身份千差万别，可以肯定地说：不变的是责任。

可喜的是在我们的身边，在我们的社区，有着自己职责的同时还有甘于担承着一份社会责任的群体在壮大，这就是文明和进步。世界因为有了这样负有责任感的群体而精彩，而充满着爱！

第二章　忽视责任，将永远失去方向

责任一旦产生，决不会因为你的懈怠而减少，也不会因为你的忽视而消失。你没有认真地对待它，它对你的回报就是让你失去方向，丧失前行的动力。

找寻缺失的责任感

这个世界在有序地运行，最终达到相对平衡，其实是万事万物中的每一分子都在履行自己的责任，没有出现责任的空白区。

任何时候保持一颗积极的、绝不轻易放弃的责任心，不寻找任何借口为自己开脱，努力寻找解决问题的办法，才是一个有责任感的人。

我们都曾经一再看到这类不幸的事实：很多有目标、有理想的人，他们工作，他们奋斗，他们用心去想、去做，但是由于过程太过艰难，他们越来越倦怠、泄气，最终半途而废。责任不会因为他们的放弃而消失，而结果会告诉大家一切。到后来他们会发现如果他们能再坚持一下，如果他们的责任感再坚定一些，他们就会获得不一样的结果。而究竟要成为积极的人还是消极的人，完全在于你自己的抉择。

在一个漆黑、凉爽的夜晚，坦桑尼亚的奥运马拉松选手艾克瓦里吃力地跑进了奥运体育场，他是最后一名抵达终点的选手。

这场比赛的优胜者早就捧走了奖杯，庆祝胜利的典礼也早就结束，因此当艾克瓦里一个人孤零零地抵达体育场时，整个体育场几乎空无一人。此时的艾克瓦里双腿沾满血污，绑着绷带，他努力地绕完体育场一圈，吃力地跑到了终点。

在体育场的一个角落，享誉国际的纪录片制作人巴德·格林斯潘远远看到了这一切。在好奇心的驱使下，格林斯潘走过去问艾克瓦里："比赛已经结束，你还受了伤，为什么还要这么努力地跑到终点？"

这位来自坦桑尼亚的年轻人轻声地回答说："我的国家从两万多公里之外送我来这里，不是叫我在这场比赛中起跑的，而是派我来完成这场比赛的。"

没强调任何客观理由，没有述说任何困难挫折，更没有任何抱怨，履职尽责就是他一切行动的准则。比赛的结果已经不重要，重要的是在艾克瓦里心中参赛的责任不能缺失。

视责任如生命的艾克瓦里，应该与奋勇争先的冠军一样受到人们的尊重。

责任在任何时候都不能缺失，更不会消亡。如果说某一环节出现了问题，只能说这个环节的责任人的责任感出现了问题。一座大楼拔地而起，且能历经风雨岿然不动，靠什么？靠这座大楼的所有参与单位和个人的履职尽责。

大楼设计完成之后，要靠施工人员来具体操作，其中所有参与人员的责任是明确和清楚的。如何使大楼达到预期的质量要求，依靠的就是每个人的工作责任感，或者说是责任心。

一般的阳台是凸出于大楼的外立面墙。家庭在使用中，要求它要承受与室内差不多的重量。因此，在施工中必须严格按照《建筑施工手册》的规范要求进行施工，否则，就会有质量问题。如阳台在垒砌中必须要布设拉结筋，通过拉结筋使阳台与大楼墙体紧密构成一个整体。

拉结筋的布设有焊接或绑扎两种方式，如果施工人员为了图省事，只是把拉结筋放在主墙体内，而不进行焊接或绑扎，也就是说没有让阳台与大楼的主墙体牢固连接，待阳台垒砌、粉刷完毕，虽然外表一点也看不出来，但在日后的使用中极有可能发生阳台脱落或下坠的事故，后果不堪设想。

有这样一个施工队，由于没有按时发放工资，工人有不满情绪，心生怨气。有一个工人在垒砌阳台时，违反操作规程，把拉结筋随意地放在墙体内，没有通知电工焊接，也没有让钢筋工绑扎。工程质量复检时发现了问题。返工是肯定的，损失也已经造成。问题出在哪里？

项目部分析原因：出在责任感上。因为施工人员的责任是明确的，操作规范是清楚的，是施工人员有不满情绪故意而为，没有履职，减少了工序；因为按时发放工资也是有合同约定的，工资款已经到达财务的账上，出纳临时有事外出，没有请假，工程队负责人没有关注这件事情。这一连串的责任感缺失，造成了施工质量问题的出现。项目部对施工队进行了通报批评，施工队进行了教育整改，施工工人和出纳员分别受到了经济处罚和批评。

所以，任何一项工作、一个任务，从它的规划、布置开始，其责任是完整的且环环相扣的，最后的结果往往取决于操作人员的责任感。一般情况下，我们缺失的不是责任的划分和界定，而是责任感的表达和体现。

　　责任感常常会纠正人的狭隘性。当我们徘徊于迷途的时候，它会成为可靠的向导。

——（印度小说家）普列姆昌德

仔细观察我们身边的成功人士，他们都有一些共同的特点：敬业、勤奋、认真。反之，那些一事无成的人也有一些共同的特点：懒散、牢骚满腹、拈轻怕重。所以，责任感就成为一个人成功与否的分水岭、试金石。因此我们的家庭教育、企业培训、社会导向都要在加强责任感意识、潜移默化的责任心训练方面下足功夫，打牢基础，使每个人把履职尽责当作一个如同空气于人一样的自然和必须，倡导这种文化氛围，引领人们向着正确的方向前行。

巴顿将军在他的战争回忆录《我所知道的战争》中曾写到这样一个细节：

每当我准备提拔人时，常把所有的候选人排到一起，给他们提一个我想要他们解决的问题。我说："伙计们，我要在仓库后面挖一条战壕，8英尺长，3英尺宽，6英寸深（1英尺=0.3048米，1英寸=2.54厘米）。"我就告诉他们那么多。

我有一个带窗户的很大的仓库。候选人领取工具时，我走进仓库，通过窗户观察他们。我看到伙计们把锹和镐都放到仓库后面的地上。他们休息几分钟后开始议论我为什么要他们挖这么浅的战壕。他们有的说6英寸深还不够当火炮掩体。其他人争论说，这样的战壕太热或太冷。如果伙计们是军官，他们会抱怨他们不该干挖战壕这么普通的体力劳动。最后，有个伙计对大家下命令："让我们把战壕挖好后离开这里吧。那个老东西想用战壕干什么都没关系。"

最后，巴顿写道："那个伙计得到了提拔。我必须挑选不找任何借口完成任务的人。"

巴顿将军的文风幽默是无疑的。他提拔这个"伙计"也是有道理的。这个"伙计"身上表现的执行力和责任感正是巴顿将军看重且需要的，而这也恰恰是其他人缺乏的。责任感展现的是一个人的综合素质和能力。

无论什么工作，只要任务已经下达，标准已经明确，都需要这种不找任何理由去执行的人。对我们而言，无论做什么事情，都要记住自己的责任；无论在什么样的工作岗位上，都要把自己最好的精神状态、最强的责任感展现出来。不要用任何借口来为自己的不执行开脱或搪塞。

责任的防线，需要筑牢。责任好比堤坝，这是必须守住的一条底线。一旦责任的堤坝决口，欲望无从约束，责任无所担当，责任感缺失，后果将不堪设想。失去责任约束的个人，不会成为合格的公民；失去责任约束的干部，不会成为人民的公仆；失去责任约束的单位和组织，不会忠于职守、履职尽责。

筑牢责任的防线，加固责任的底线，需要个人的学习修养，需要全社会的共同关注，还需要严格责任制的硬性约束。

明确责任、严明赏罚，是培养责任意识的重要途径。只有把责任导向鲜明地树立起来，才能最大限度地督促人们履行职责、勇于负责，堵住一个个缺失责任感的"蚁穴"，严防一处处可能出现的责任空白区的"管涌"，防范一处处偷工减料式的履职尽责的"快捷"施工方式，让"责任"的大堤更加巩固。

不是无法负责，而是不想负责

人在表达观点的时候，往往会不自觉地朝着有利于自己的方向去阐述，可谓典型的自圆其说。

小孩子在向老师解释作业为什么没有完成时，往往是从客观上找原因，诸如家里停电了、家里来客人太吵了等。这说明事情有了负面效果时，主动承担责任是要经过教育、训练的，或者说是要有一定的思想觉悟，这也反映了一个人的修养。

这种训练和修养，在课堂上能够获得，在人际交往中可以获得，在自我反省中也可以获得。当然人的领悟程度、所处的环境等都会对其产生影响，从而导致每个人在主动承担责任的整个过程中差别是巨大的。这也就是我们平常所遇到的一种现象：某人愿意与某某在一起工作，不愿意与某某在一个办公室处事。看起来这都是小事情，但它却折射出一个人在日常工作和生活中对一个集体中存在的负面效果的态度。

饮水机的水有人从来不主动去换，你观察到了这种现象，是抱着你不换水我也不换水，反正是大家的事的态度吗？如果是，那么这就是一种典型的不是无法负责，而是自己不想负责的现象。你去换水，问题解决了，矛盾化解了，责任履行了，事情往往就这么简单。可就是看起来这么简单的事情，有人却处理不好，埋怨多，行动少，实际上他是在期待别人去负责；办公室里的卫生问题也是一样，总感觉别人是在敷衍了事，而没有想想自己主动干了什么，主动负责了什么。

有一年，江苏泰兴县发生了蝗灾。县太爷本可以采取措施，却因为懒惰而未采取行动，事后又不愿意承担责任，就报告他的顶头上司："本县过去从来没有发生过蝗灾，蝗虫是从我们的邻县如皋飞来的。"言外之意是蝗灾与我无关。随后，他又写了一封公函给如皋县的县令，让如皋县令差人捕捉蝗虫。

如皋县令本来也是一个不愿承担责任的人，见了公函，更觉得是泰兴县令在戏弄自己，于是大笔一挥回应道："蝗虫本是天灾，并非县衙无才；既从我县飞去，还请贵府押来。"

不言而喻，这两位县官的工作态度都不积极，不想负责，用一句俗语来形容就是：遇事只推不揽。不愿负责的工作态度，导致的是相互推诿的工作行为；相互推诿的工作行为，造成了蝗虫继续泛滥成灾的结果。这样的官员，老百姓怎么会拥护呢？

人在职场工作，在相互依存度很高的现代社会中生活，特别需要克服这种消极的工作态度，着力培养积极的工作态度。而敢于负责，就是一种积极的工作态度。有时在需要多人合作才能共同完成的一项工作中，更能看清一个人在承担责任时的态度。

过去，通讯人员在野外架设线路时，都是人工先挖好坑，再把线杆立起来。立线杆需要多人精准的配合，那时没有吊车，全靠人力拉，特别是立8米以上的线杆难度更大。立杆时，人员一般分成三组三个方向，每一组既不能把拉绳绷得太紧，也不能太松，必须听从指挥，该用力时用力，并随时观察线杆的角度，保持拉绳力度的稳定，达到平衡后，需快速地填埋。即使这样也不能保证线杆百分之百地立起来而不被摔坏。线杆一旦摔坏，在物质匮乏的年代可不是一件小事情，那是要查找原因，追查责任的。

按理说这是个集体项目，线杆倒下不能全怪一方，但就有这样的人，千方百计地推卸责任，无限放大工作过程中的某一个细节，达到与己无关、与本小组无关的目的。这个时候考验的就是单位领导的工作能力和业务水平，考验的是所有参与立杆作业的人员的工作态度。因为都是一线工作人员，经验都比较丰富，你的结论能否使大家口服心服，就需要下些真功夫。必须要准确描述线杆倒下前后各小组的工作状态，才能确定承担责任的一方。要知道，那个时候没有录像设备，线杆倒下是瞬间的事，领导确实很为难。这时的领导就需要一定的领导艺术，既要掌握大家的思想动态，及时地与骨干统一认识，反复地宣传经过统一认识的结论，又不能让相互埋怨的种子继续发芽，因为任务还未完成，工作还要继续进行下去。

由于第二小组组长站出来主动承担了责任，后续的处理就简单多了。其实大家心里都明白，责任不能全由第二小组承担。这不，年底的评选先进工作者活动中，二组长被工区全票推举。

如果你有了这种敢于负责的积极的工作态度，你在工作中就会有积极主动的工作行为，从而取得令人满意的工作绩效。

由于个人修养程度的差别，对待工作中的困难、问题的态度大不相同。大家在工作中相互配合、支持，敢于负责不推诿，同事和领导心里清清楚楚。不推脱责任，主动担当，可能在一时会受些委屈，长久看，成功的人士都具备了这些特征。

"不想当元帅的士兵不是好士兵。"大家都知道这是拿破仑的名言。怎样才能当上元帅？不是说一两句话就能当上的，它是一个过程复杂、历练长久的结果。但敢于负责、勇于担当，是其重要的一环。有时它体现在细节和小事当中，可谓细微之处见精神，细微之处见志向。

拿破仑刚当上士兵时，一位将军检阅部队。他看到又瘦又矮的拿破仑戴着一顶大帽子，就走上前去对拿破仑说："你的帽子大了。"

拿破仑听了这话，马上一个立正，说："报告将军，不是我的帽子大了，而是我的头小了。"

拿破仑为什么能当上元帅，从他的这句回答中就可以见出分晓。他不找别人的原因，不找客观原因，而是找自身的原因，不怕担责。我们还可以这样说，不敢负责的士兵不是好士兵，这样的士兵也是当不上元帅的。推而言之，一个不敢负责、不愿承担责任的员工不是好员工，或者说，这样的员工生活中不会有知心朋友，事业上也不会有所建树。

在我们生活的世界里，没有完全没有办法负责的事情，有的只是推脱责任、推诿责任、不想负责。当严酷的事实摆在面前时，有些人才会明白其中的道理。

有一起交通事故。该事故导致某镇一幼儿园接送校车与一辆卡车相撞。据省安监局介绍，该事故已经造成19名幼儿、1名司机及1名陪护教师死亡，另有43人受伤。

为什么会导致如此惨重的事故？我们来看一看原因。据媒体报道，直接原因有三个：一是校车车速过快，在乡间小路上校车居然能开到70千米/小时的速度；二是逆向行驶；

三是超载，发生事故的校车核载 9 人，实载 64 人。

除了直接原因，那间接原因呢？一是政府的监管责任没到位，有句话说得好："政府的行动效率不能落后于惨剧的发生频率。"二是该幼儿园没有履行职责，幼儿园视规章制度为摆设，对超载现象视而不见，不管不问，不是管不了，而是不想管，不愿负责；三是司机法纪观念淡薄，不允许超速、超载、逆向行驶是司机应该清楚的基本常识，对这样做而产生的后果漠不关心，一心只考虑自己的经济效益；四是家长心存侥幸，这么多孩子塞进这么小的车里，多不安全？可家长却认为："昨天不是没事吗？"

当然，原因还有很多，概括起来就是，不是没有办法杜绝这起悲剧的发生，而是众多环节上出现了不愿负责，不想承担责任的情况。相关人员受到处罚，承担后果，那是法律去诉说的。我们要汲取和牢记的是用鲜活的生命换来的教训，这教训是惨痛的。负起责任，世界就会多一些正能量。

在我们平常的工作中，确有一些人在责任面前采取回避、推诿的态度，没有担当，不想负责，更不愿负责。

小张和小吉新到一家速递公司，被分为工作搭档，他们工作一直都很认真努力。老板对他们很满意，然而一件事却改变了两个人的命运。

一次，小张和小吉负责把一件大宗邮件送到码头。这个邮件很贵重，是一个古董，老板反复叮嘱他们要小心。到了码头，小张把邮件递给小吉的时候，小吉却没接住，邮件掉在了地上，古董碎了。

老板得知此事后对他俩进行了严厉的批评。"老板，这不是我的错，是小张不小心弄坏的。"小吉趁着小张不注意，偷偷来到办公室对老板说。老板平静地说："谢谢你小吉，我知道了。"随后，老板把小张叫到了办公室。"小张，到底怎么回事？"小张就把事情的经过原原本本地告诉了老板，最后小张说："这件事情是我们的失职，我愿意承担责任。"

小张和小吉一直等待处理的结果。老板把小张和小吉叫到了办公室，对他俩说："其实，古董的主人已经看见了你俩在递接古董时的经过。还有，我也看到了问题出现后你们两个人的反应。我决定，小张，留下继续工作，用你赚的钱来偿还客户。小吉，明天你不用来工作了。"

人生在世，孰能无过？但是面对过错，面对责任，人们的选择和对待的态度却有天壤之别。小张选择的是勇于担当，坦诚负责；小吉的选择是推诿逃避，撇清自己。两种选择是对责任的不同认知，小张是尊重责任，尊重事实，他的人生就会宽阔；小吉忽视责任，混淆真相，他的人生必将一片阴霾。

明白了这些道理，我们在人生的征途中就不会忽视责任，不会迷失方向。我们在管理一个单位，完成一项任务，经营好自己的小家庭，特别是在困难的时候就会少走弯路，避免损失，渡过难关。

要知道，责任自你进入角色时已经客观存在，你承担责任时的态度代表了你的修养；你处理问题的水平是你对工作责任感的投入；你在事业上的成就是你责任心的集中体现。

责任是一种信任

"顶天立地的男子汉"，往往就是说某人的信任度高，言必信，行必果，可谓"一言既出，驷马难追"。人们愿意和这样的人交往，这样的人在单位威信高，人气旺，群众基础好。说出的话就要兑现，办过的事定会负责。

往往有这样一些人，他们对责任的理解非常片面，工作中的责任在他们看来，是处处要于己有利，把大家对他们的期望放在脑后，随着时间的推移，渐渐地失去了大家对他们的信任。

杜经理和胡经理是高中同学，毕业后各自创业少有联系，前不久在一次同学聚会上互留了联系方式。

杜经理经营建材，胡经理打理的是服装，按理说生意上交集不多。有一天杜经理的一个客户找到杜经理，说想给某学校做一批校服，杜经理自然就想到了同学胡经理，经联系一切顺利，杜经理的客户也很满意。

不久，胡经理又接到杜经理客户的电话，说还要一批校服，胡经理自然是忙前忙后把事情办利索，但货款却迟迟未收到，经过多次联系未果后，胡经理把这件事说给了老同学听。电话中，杜经理沉默了片刻说："老同学，是我介绍的，我来处理。"没过多久胡经理就收到了货款。

事情原本就可以没有下文了。可就在又一次同学聚会上，在闲聊中胡经理得知，之所以没能联系上杜经理的客户，是因为这位客户收到校服的那一天出了车祸，人去世了。杜经理为失去了一个朋友而伤心，但他认为没必要告诉老同学，就自己把校服的款付清了。胡经理得知实情后，十分感动。

杜经理的生意因为受市场影响，已很不景气，而这时的杜经理在胡经理的心目中再不仅仅是一个普通的同学了，而是一个可以十分信任的人。于是胡经理就推心置腹地与杜经理商讨转型发展事宜。在胡经理的鼎力帮助下，杜经理成功地转型经营起服装生意，而杜经理先前的那个客户家人也主动把人脉资源介绍给杜经理。

故事并不复杂，但它告诉了我们责任是什么。这里的责任就是兑现承诺，宁愿自己吃亏，也要珍惜信任。它告诉了我们怎样才能够做一个有担当的人：困难自己默默承受，欢乐要让大家分享；它告诉了我们取得别人的信任靠的是：行动；它告诉了我们信任的意义：一个有诚信的人，一定会获得人们的尊重，在事业上会有更多的人帮助，人生的路上他们不孤单。

相信每位领导都希望有更多的优秀员工为你的事业添加一分力量。但是，作为公司的领导，当员工犯错误的时候，你又是怎样解决的呢？是劈头盖脸一顿骂？还是沉下心来，认真分析错误的原因，甚至利用赞美激励的方式，让其自己去认识到自己的错误，并加以改正？我们的目的不就是只有一个吗？那就是希望他下次不要再犯同样的错误。对于企业的管理理念而言，这个目的就属于高级范畴了。这，看似是一个工作方法问题，实际上是代表了公司领导的责任履行以及工作能力。

众多事实证明，一味地责备员工只会使员工在工作中失去信心，最后还是不能把任务高标准地完成好。事情的结果能说领导很好地履职了吗？充其量只是履行了一半的职责，就是你发现了问题，而没有激发员工的工作热情，因为你忽视了责任柔的一面，眼睛只是盯着责任刚性的一面，在员工队伍里就缺失了对企业的信任，企业的发展一定会受到影响。所以说，作为一名领导，我们在面对属下错误的时候，不可以急躁，要懂得沉下心来，理智地去面对。只有这样，才可能为公司招揽、留住更多的人才，才可能在自己履职的同时，为公司赢得更多的信任。

有一天，印刷厂张建经理收到了一批印刷质量非常差的产品，面对一批即将报废的产品，张建非常生气。他打算把负责人叫来训斥一顿，但是他又转念一想，公司好像从来没有出过这么低级的错误，这里面一定有蹊跷。张建经理的责任能力就体现出来了。于是，张建说服自己，将心中的怒火压了压，深入车间去查明这些产品的始作俑者。

最后，在车间主任的协助下，张建了解到，原来这批不合格的产品是一名新员工做的。由于新员工对生产流程和设备的使用不太熟悉，经验不足，再加上每天有固定的工作量，所以就只是急切地想着完成任务，从而忽视了产品的质量问题。听说车间主任一大早就把他训斥了一番，不但让他赔偿损失，还批评说他工作不负责任，以后要是再出现这样的问题，工作岗位都可能丢掉。

见到这名新员工的时候，由于早上就被训斥了一番，压力大增的小伙子，一个人站在机器旁，两只手生硬地在机器旁忙碌。张建走到他身旁说道："小伙子，你是新来的吧？我看了你昨天的产品，确实有质量问题，不过可以补救，只要加以修改，就符合标准了。我看你的积极性很高啊，每天的任务都能够按时完成，要是公司每个员工都能够像你一样就好了，好好干啊，我们相信你的能力。"

听了张建经理的话，这名新来的员工内心多了一分力量，没有了恐惧，有的只是信任。从那以后，新员工做事非常认真，他再也不急躁了，刻苦地熟悉操作流程，认真地学习设备技术规范，在工作中再也没有出现过质量问题。

其实，车间主任和张建经理的目的都是一样的，就是想让年轻人知道自己的错误，并加以改正，但是两人的做法却截然不同，最后的结果也有天壤之别。车间主任一味地训斥新员工，而最后换来的是他的没精打采，他内心的反抗，他对企业的不信任。车间主任确实在履行责任，但他忽视了责任的内涵，简单粗暴的执行方式，实际上是忽视了对员工的信任，这样的履职是不可取的，有的时候甚至是有害的，可谓好心办坏事。经理张建在处理问题时就比较有智慧，没有用发脾气的方式去履行职责，而是静下心，控制自己的情绪，理智地分析原因，现场调查研究，面对新员工的错误，他考虑的不仅仅是一个新员工的问题，而是全体员工的教育管理，既履行了作为经理的责任，又在企业创造了和谐信任的氛围，最后换来的是新员工错误的改正，教训的汲取，规程的掌握，工作积极性的高昂和全体员工对企业的极高信任度。可谓一石二鸟。

责任体现在日常生活的方方面面、边边角角，如同人的影子，它可以通过一个非常壮烈的场面去表达，更多的时候是默默无闻地坚守。黄继光奋不顾身地堵住敌人的机枪口，可谓民族英烈，流芳千古；小区的保安日复一日地平淡守候，一年也没见过奔跑着抓个小偷，你能说他没有责任感？没有尽责？所以责任于每个公民是不能忽视的，我们在尽职我们自己的责任的同时，要尊重和感恩那些有责任感的人们。

有责任，就要学会有担当，担当的过程有时是要付出甚至牺牲自己的利益的，这需要我们不断地加强修养，用阳光的心态去看待世界，用不计较回报的心态去与人共事。在时间的长河中建立自己的诚信，让你的名字与诚信相向而行，在别人提到你的时候有一种亲切感。

在今天看来，诚信光环的作用范围已是大大增加了，如果你上了不诚信的黑名单，别说与你打交道的人少了，就是打交道别人也是像防贼一样防着你。就连乘坐高铁、飞机，去银行贷款这些看似平常的举动，于你而言都可能是寸步难行。

可见，责任感对于一个人而言，既是在为社会提供一种正能量，也是在为自己铺就一条光明大道。就像前面所讲的杜经理的转型发展之路，如果他当初没有用一种责任意识去担当，怎么会有后来胡经理的诚心相助？社会倡导责任、信任，我们就要让有责任的人、讲信用的人、讲诚信的人在精神上、在利益上得到好处；让不负责任的人、不讲信用的人没有市场，没有获得利益的空间和机会。

李幼红是一家服装加作坊的老板，因为作坊小，条件跟不上，接到的都是一些零散的加工小订单。2010 年夏天的时候，李幼红接到了 50 条西服裤子的小订单，对方将价位压得很低，而且需要在 2 天内完成。

有人建议李幼红不要做了，可是李幼红觉得，生意不分大小，有一笔就要做一笔，只有做好了，才可能做第二笔生意。这和做人的道理是一样的，与人交往，不能以穷和富而亲疏有别。生意不管大与小，责任是一样的。人家能把订单交给我们，就是对我们的信任，我们不能忽视这份信任，更不能丢掉自己的责任。

当李幼红带领着工人连夜赶工将 50 条西服裤子交给客户的时候，客户却东挑毛病西挑刺，最后还将之前谈好的加工费降了 300 元。之后的几次，这家客户一直都对产品很挑剔，但却给李幼红加工作坊的订单越下越大。

一年后，这家客户平均每月给李幼红的订单已经超过了前半年李幼红接到的全部订单。

李幼红就是在一次次的对责任的敬重当中，扩大了自己的企业。开始，李幼红接到的是个小订单，收获的是小的信任，后来订单越来越大，就意味着信任也在增加。而在整个交往过程中，李幼红始终不变的是没有忽视责任。正是这种不变，让她收获了信任，发展了事业。

美国前总统克林顿说过："如果我每读一遍对我的指责，就做出相应的辩解，那我还不如辞职算了。如果事实证明我是正确的，那些反对意见就会不攻自破；如果事实证明我是错的，那么即使有十位天使说我是正确的也无济于事。"

责任需要认真地去履行，主动去担当；而信任需要他人的感知，同时自己对自己也需要一种自信，因为要坚信自己没有忽视责任。

第三章　辨析责任，正确取舍

责任，对于每个人来说既是一种义务，也可以理解为一种权力。认真地对待责任，理解责任，并且在履职尽责中做出正确的取舍尤为重要。

责任要明确主次

大与小是相对而言的，没有绝对的大，也没有绝对的小，因为它们有着内在的联系。比较大与小必须让它们有可比之处，要在同一事件当中比较后果产生的影响，否则，比较的结果没有意义。在划分责任的时候，要点是准确掌控主要责任与次要责任的条件和依据。

"是药三分毒。"但我们强调的是那七分药效，药一般都有毒副作用，但是比起毒副作用对人的影响，它在抑制或消灭病菌方面对于人的好处和优势更显著，也就是我们所说的"七分药效"对我们有利，所以，必要时药还是要吃的。对于病人而言，如果这个时候你混淆了"是药三分毒"的责任，没有做出正确的选择，那后果只能是病毒继续扩大，病情持续恶化，受损的是自己。

责任要牢记，千万不能理解偏了，也不能不作取舍和选择。犹豫期间，有时主要责任和次要责任会发生相互转化。本来你承担的是次要责任，由于你的优柔寡断，错过了解决问题的最佳时期，那么一个问题很可能就转化成另外一个问题了。

凡事都有前因后果，不可能凭空出现某种现象或结果。大家最耳熟能详的就是交通事故的处理。交警到达事故现场后，在对现场的勘察过程中，始终在思考的一个问题是责任的区分，即通常我们所说的主要责任和次要责任。因为不管是刑事责任的承担，还是民事责任的赔偿，都要以在该次事故中的过错程度为依据，对照法律、法规给出结论。

在单位，特别是在工作小组内部，人员不是很多，工作中出了差错，处理起来还是很棘手的。如果处理不好，会影响到整个工作流程的顺利进行，甚至会对单位的士气产生负面影响。

20世纪60年代时，部队是以连为一个伙食单位，炊事员都是年轻的士兵，没有多少做饭的经验。当时是以煤为主要燃料。为了减少污染，灶台与锅台是用墙隔开的，一个炊事员在灶台负责火的大小，另一个炊事员在锅台负责食物的操作，锅台操作人员要根据操作食物的需要及时告知灶台操作人员控制火力的强弱，由于这是一个每天都在重复的工作，加之每顿饭的品种不多，双方沟通简单、配合很好。沟通主要是靠锅台操作人员喊一声"大火""小火"来实现，灶台操作人员就把风门打开、关闭、半关闭进行配合。

一次，赶上节日会餐，炊事班来了不少帮厨的战士，人多噪音大，平常配合很好的两个人，在沟通中出现了问题，食物操作人员总感觉火候控制不理想，一来二去，双方互相埋怨增多，结果影响到了菜品的质量，进餐人员意见很大。

这样的事情在炊事班就算是大事了，怎样处理好这个问题关系到他们日后的工作配合，关系到全连指战员的训练保障和训练热情，有句俗语叫：炊事班的工作能顶半个指导员。

首先，要做好双方的思想稳定工作，其次就是要划分主要责任和次要责任。副连长根据双方平时的工作配合情况，当日的现场情况，认为食物操作人员应承担主要责任，灶台操作人员承担次要责任。因为尽管当时有一些客观因素的存在，但食物操作人员是指挥者，占主导地位。区分主要责任和次要责任必须考虑事情发生的所有相关因素，做出裁决的责任人，更不能忘了自身的责任。

所以，在处理问题和化解矛盾的时候，大的方向是分清主要和次要责任，但有些时候矛盾的表现并不那么容易判断，事情的原委可能很清楚，事情的过程有时就不那么容易复述清楚。

对影响大的问题、后果严重的问题必须彻查，有时要动员多方力量来协助调查，比如车祸的处理；而对于日常生活的摩擦，千万不能因为事情小而各打五十大板，当和事老，也一样要区分责任的大小，比如像炊事班配合这样的小事而产生的矛盾，一样要用负责的态度去划分主要责任和次要责任，用承担责任的后果去约束我们的行为。这样不但能理顺管理秩序，也能消除同事之间的矛盾隐患，能使全体人员心情舒畅地投入工作之中。

责任要合理分配

在实际工作中，人的行为有时与某件事情有关，有时又与这件事情关系不大。在责任的划分上就产生了全部责任和局部责任的区别。处理好这种关系，便于在工作中掌握主动，分清主次，有时候也有利于人的精力合理分配。**一项工作如果人人**

都在思考全盘，那工作的细节必定有不周全和漏洞，也会造成人人疲劳。

战争时期，根据对敌我双方形势的分析和各种力量发展态势的研判，决策者决定是否发动一次战役。战役和战斗是有着根本不同的，战役需要思考的因素很多，需要动用的力量很多，需要准备的时间也很长，而思考、筹划这些问题的人员却不多。统帅机关需要谋划整个过程，以及大的突发情况的应对方略，然后像切豆腐块一样把整个战役分成若干阶段，每个阶段再指定负全面责任的指挥员，以此类推。每个阶段的指挥员、战斗员所思考的问题、思考的重点都是有层次区分的。也就是说责任在每个人身上都有体现，却有全部责任和局部责任的区别。

负全部责任的人需要时刻掌控全局，否则，后果将是严重的。我们大家都有过乘坐飞机的经历。飞机上有驾驶员、乘务员等工作人员和旅客，这些人组成一个临时集体。飞机上的最高指挥者也就是负全部责任的人是机长。机长有权决定本次航班是否起飞或者降落并对全体旅客负全部责任。机长在起飞前要对本次的飞行计划、人员的安排、地面的检查、航路上的天气实况和变化趋势、油料的质量和加注的数量等一一做出认可或决断，还要与机组人员一道演练应急情况的处置预案。这个时候机长思考的是全面情况，因为他深知如果有了问题，他是第一责任人。

同时，机组其他人员难道没有责任？答案是否定的，他们是负局部责任的。飞行中遇有突发状况，如机械故障、雷暴大风等恶劣天气的出现，当处理的方案有多种选择时，其他人员可以提出参考意见，但最终做出决断的还是机长。这不仅是因为他对整个情况有全面的了解和掌握，更主要的是他的责任分量要比其他人重。飞机在降落过程中有时会受大风、雾霾等因素的影响，在决定是否中断降落而复飞时，情况是非常紧迫的，容不得有过多商量的时间，这时，机长就要凭借机长负有全面责任的职责和权力，迅速做出决断，体现出负全部责任的权威。

负全部责任与负部分责任的人在工作中的职责不同、权力不同，其承受的心理压力也不同，因而他们的待遇应该也有所区别。我们还要在现实社会中努力地履行自己的职责，创造条件，去帮助负全面职责的人更好地行使他们的职责。

现代社会中，单打独斗地干一番事业的机会和场合不是很多，绝大多数都是依靠集体的力量，团体的智慧，可谓众人拾柴火焰高。也就是说，要想顺利地完成一项任务，成功地干一番事业，必须各负其责，不能相互推诿，一旦这种情况发生，任务肯定完成不了，更别谈事业的成功了。所以，责任在每个人的身上都会体现，只是分量不同罢了，千万不能因为待遇、职称或不思进取等，松懈履行自己的责任，若是这样，受到损失的也必然有我们自己。

一个员工可能没有高学历，也可能没有出色的能力，但他必须有强烈的责任感和勇于对工作负责的态度，用责任感鞭策

　　我们为祖国服务，也不能都采用同一方式，每个人应该按照资禀，各尽所能。

——歌德

自己不断进取。特别是在单位担任重要职务或者身居重要岗位的人，在工作中必须时刻精神饱满，如果你忘乎所以，居功自傲，说明你很可能没有全心全力地去履行自己的全部责任。要知道你曾经的辉煌仅仅代表你的过去，工作亦如逆水行舟不进则退，在人生的征途中，没有一劳永逸的事情。

有一个叫魏杰海的年轻人，为几家个体经营者处理账目。他曾在一家合资企业任首席财务官。在成为首席财务官之前，他是该公司审计部门的普通工作人员，由于他对工作非常负责任，业务比较熟练，在几次业务洽谈中，为公司避免了损失，赢得了声誉，结果得到董事会全体成员的赏识，第三年就被提拔为财务部经理，接着又被提拔为公司首席财务官。

当上首席财务官后，他的生活品质得到了很大的提高。然而，他的工作热情和责任感却一落千丈，总认为自己有功于公司，公司离不开他，也不再学习新的知识，很少关注公司的发展和需求，对首席财务官的职责不以为然，把更多的精力放在了享乐上。当总经理善意地提醒他时，他认为是总经理在挑毛病，不放在心上；当朋友问他作为公司高管有什么感触时，他说："我应该满足了，在这家公司里，我已经到达自己能够到达的顶点了。"

他在首席财务官的职位上做了将近两年的时间，却没有做出一些像样的成绩。亲友和朋友善意地提醒他："工作还要踏实勤奋，没有业绩是危险的，靠吃老本是要吃亏的。"

没想到，魏杰海竟然说："我是公司的功臣，而且我知道公司的很多事情，公司离不开我魏杰海，董事会不会把我怎么样的。"他甚至在心里对自己说，我能力强，运气好，丰厚的薪水永远属于我，这车子永远属于我，这豪宅也永远属于我，没有人可以夺取，因为没有人可以替代我。

的确，公司的很多工作都离不开魏杰海。然而，他的糟糕表现，他的工作态度，还是让董事会产生了换人的念头。终于，有一天，当魏杰海和往日一样来到公司，优越感十足地迈着方步踱进办公室时，第一眼看到的却是一份辞退通知书。

公司收回了车子、房子，高薪待遇也没有了。他失业了。为了养家糊口，他不得不去为一些小公司做些财务报表之类的事情。

魏杰海的发展轨迹说明，一个人即使有突出的能力，有过傲人的成绩，但如果丧失了责任感，故步自封、满足现状、不思进取，忘掉了自己肩负的责任，工作不到位，责任丢七分，最后被淘汰一定是必然的。

因此，我们要时刻牢记，工作就是责任，责任不可选择，该你负全部责任你却负局部责任，这实际就是一种没有履职的表现。全部就是全部，部分就是部分，责任的分量不可替代。

企业是由人组成的，大家有共同的目标和共同的利益。企业里的每一个人都承载着企业生死存亡、成败兴衰的责任。因此，无论职位高低，都必须具有很强的责任感，不能错误地理解责任，不能在责任的履行中拈轻怕重。

一天，某大型公司要招聘一名员工。公司的人力资源部经理对应聘者进行了面试，他提出了一些专业知识方面的问题以后，提出了一个在许多应聘者看来好像是小孩子都能够回答上来的问题。然而正是这个问题让许多人落聘了。这是一个选择题，有两个选项，由应聘者任选其一。

第一个：挑两桶水上山去浇树，你能够做到，不过会非常吃力。第二天工作时，肌肉会有些酸痛。

第二个：挑一桶水上山，你会很轻松就上去，并且还有充足的时间回家睡上一觉。第二天轻松地工作。

你会选哪一个？许多人都选了第二个。

这时，面试官问道："你挑一桶水上山，就没想过树苗会非常缺水吗？第二天工作时，只是肌肉有些酸痛，这很严重吗？"很遗憾，许多人都没有认真地想过这个问题，也就是对将要承担的责任没有全面的理解，做出了不尽人意的取舍。

有一个青年选择了第一个，当面试官问及原因时，他说："尽管挑两桶水非常辛苦，可是我有能力完成，既然有能力完成的事情为何不去做呢？我要为这件事负责到底，再说了，让树苗多喝一点水，它们就会生长得更好，何乐而不为呢？肌肉有些酸痛，缓解一下就恢复了，承担责任总是要付出的。"

最终，只有这位青年被录取了。人力资源部经理这样解释："一个人有能力或通过努力就能够担负多一份责任，可有人却不想这么做，而只选择担负一部分责任。这样的人对责任的解读有误区，不愿承担全部责任，不是一个有担当的人。还因为这样工作就不用怎么努力，而且十分轻松，我们觉得这样的人责任意识比较淡薄。我们希望自己的员工都具有强烈的责任心，在任何岗位上都能负起责任，在关键时刻还能担当起全部责任。"

如果你有能力尽自己的努力担负全部责任，你获得的也许就是绿树成林。反之，如果你看起来也是在做事，但没尽全力，只承担了局部责任，那么你得到的或许就是满目荒芜。这就是责任感不同导致的差距。现实生活中这样的事情比比皆是。成功人士的身上，始终散发着勇于承担全部责任的精神，敢于挑战全部责任的勇气。

事情看起来非常简单，题目也不复杂，可里面却蕴藏着十分丰富的内容。越简单的问题，越能看出一个人对责任的理解，对责任的取舍。

能力需要责任来承载，只有主动承担责任，勇敢地承担更多乃至全部的责任，我们的才华才能够更完美地展现，我们的能力才能更快地得到提升，才能为自己赢取更多的发展机会。责任感最能激发个人自身潜在的能力、克服困难的能力和创造事业的才能，使人不断地承受压力、挑战自我，创造性地开展工作，出色地完成各项工作任务。

责任不分大小，责任无论轻重。如果人人都担当起各自的责任，那么，建设各尽所能、各得其所而又和谐相处的社会，就不是一句空话；如果各行各业、各条战线，都树立牢固的责任意识，都把认真履行责任、敢于担当全部责任化作具体的行动，那将是一股多么伟大的力量！让我们都来做一个有责任心、有责任感的人，做一个勇于担责、敢于负责的人吧！

责任要分清直接与间接

车辆在道路上行驶，在转弯处发生了碰撞，交警来现场处理，首先是观察两车在道路上的位置，再看车辆的状况、驾驶员有无酒驾、毒驾等。在排除影响或者发生事故的其他原因后，转弯车辆避让直行车辆这是法规。这就意味着此次事故的直接责任和间接责任已经明了了。如果不牵涉到法律责任的追究，就只是赔偿比例的划分了。这里的直接责任者和间接责任者所承担的赔偿比例可就相差很大了。

类似的交通事故在界定直接责任和间接责任的时候很容易判断，但有些事情就不那么容易分辨清楚了。

几个同事，因为发了奖金，聚在一起庆贺一下，自然少不了小酌几杯，席间相谈甚欢，十分热烈。

老吴虽然不胜酒力，但在这样的氛围中也开怀畅饮。没隔多久，老吴就语无伦次，醉态显现，大家急忙把他送回家并告知其家属。第二天一上班，单位就炸开了锅，老吴因饮酒过量，回家后呼吸困难导致死亡。

同事们的惋惜、家属的悲哀难以言表。就在大家还没回过神来的时候，单位彭总找到几个参加聚餐的人员，说是家属要追究他们的责任。大家都后悔莫及。

事已至此，说什么也晚了。现在最需要搞清楚的就是在这次醉酒事件中，谁应该负主要责任，谁应该承担次要责任。经过反复核对和印证，老黄是这次聚餐的发起者和组织者，所以他是这次醉酒事件的直接责任者。

老吴去世后的各种费用，比如小孩、老人的抚养费、房贷等，共计56万元。老吴是个成年人，且在席间大家都曾劝过他，并且把他送回了家，他自己的过错占50%，其余7人中，老黄是发起者和组织者，承担20%的责任，另外6人各承担5%的责任。老黄尽管有些不服气，但也没有太多的理由。

可见，直接责任者和间接责任者要面临的后果有着巨大的差别。有时候，有些间接责任能够像一滴水反射阳光一样，把直接责任呈现在你的面前，达到意想不到的效果。

一次，一位外国商人在中国走访了很多空调知名企业后，把一份200万的订单给了宁波一个公司，这个数值约占此次采购总量的2/3。之所以会选择这家公司，是因为他在参观期间发生了一件事情。

商人进入工厂参观时，正好是员工们午餐的时间，他发现一位普通的流水作业工人单腿跪在地上，猫着身子，用扫把费力地从操作台底下往外扫着什么。钱币？戒指？商人在他身后停住了脚步，非常有兴趣地看他到底在找什么。

不一会儿，扫把底下出现了一枚小小的螺丝钉，过了一会儿又是一枚，那位员工这才直起身子。

看着他把螺丝钉放在一个专门的盛具内，商人感到十分意外，没想到为了两个螺丝钉，工人费了这么大的劲。再仔细看看车间里下班后原材料的清理，工具的摆放都是井井有条。

3天之后，商人决定与该公司签约。虽然这家公司的产品优势和企业实力都不是最强的，但这两枚螺丝钉的行动却打动了他。工人这种行为的背后，商人间接地看到了该企业在产品质量管理中有统一的要求，并得到了认真地贯彻落实，员工的责任意识的素养已成为一种自觉行为。这么细小的间接责任都能够履行得这么到位，那企业的直接责任的成果，也就是出厂的产品的品质一定是优秀的，后续的服务也一定是优异的。这样的企业是让人放心的企业，是值得信赖的企业。把订单交给这样的企业，是明智的选择。

细微之处见精神。拥有高尚人品的职场中人，是最有效的质检员，他们会负责地对待每一件事，他们在做每一道具体或者基础程序时，会自觉地把自己摆在责任者的位置上严格要求、认真工作。在自己的岗位上，已经淡化了间接责任，强化了直接责任。我们国家大力宣传的《大国工匠》，不就是倡导的在任何岗位上人人都是直接的参与者、直接的责任者吗？

一个计算机专业的年轻人，大学毕业后，四处求职，暑假过去了，他依然没有找到理想的工作，眼看身上的钱就要用完了。

有一天，报纸上登出一则招聘启事，一家新成立的电脑公司要招聘各种电脑技术人员20名，但需要经过考试。年轻人感觉机会来了。他在报名后就潜心复习，后来终于在80多名报名者中脱颖而出。

在走上工作岗位后，年轻人才真正认识到自己的知识欠缺太多。公司每晚要留值班人员，家住本市的同事都不愿意值班，他就索性搬到单位值班室，包揽了所有值班任务，为的是每晚9点公司关门后，他可以在值班室学习电脑知识。他学习非常刻苦，工作几个月后，就已经成为公司里的技术骨干了。

两年后，他考取了网络工程师资格证书，成为一名网络工程师，得到了公司领导的器重和同事们的好评。几年过去，随着公司的发展壮大，不到30岁的他就凭借出色的业绩在这家公司拥有了很高的职位，并获得了公司一定的股份，前途一片光明。

当人们问起他的成功经验时，他谦虚地说："其实也没什么，我知道这份工作来之不易，于是我每天都用第一天来公司的心情去工作，为自己能有幸拥有眼前的这份工作而心存感恩，因自己能进入这样一家公司而倍加珍惜。这样我便有了前进的动力。当然还有很多这样的间接动力源泉在激励着我。无数细小的动力源泉，一点点肩负责任前行的积累，促使我认真地面对。我把它们汇聚成履职的行舟之河，激励我始终奋力向前。这个时候，坚持、向前就是我的全部责任。"

我们要时刻怀着一颗敬畏之心，认真地对待责任，在受领任务、承担责任的同时，要学会思考，不要盲从。

　　小武大学毕业后进了一家机械厂工作，跟他一同分配来的还有5个大学生。他们都没有经过什么技能培训，就被分配到各个部门，担任基层管理人员。

　　由于他们不懂生产、不熟悉工艺流程，所学专业与实际操作又相差太远，在管理上明显感到力不从心，加之有些工人欺负他们是外行，工作中总是偷奸耍滑、偷工减料，这让他们感到十分头疼。为此，小武主动向厂长提出申请：下车间当三班倒的工人。这个消息一传出，全厂哗然，大家都说他是个怪人，与他一同分配来的那几个大学生也都表示不理解。

　　小武没有理会别人的议论，到了车间，安安心心做了一名工人。他全身心地投入工作中，努力钻研各种技术，熟悉每个工种。由于他勤学好问，很快与工人打成一片，那些生产能手们都乐意把自己多年的经验毫无保留地传授给他。没过多久，小武就全面地掌握了生产工艺，生产中遇到的问题没有他不了解的。两年后，他升任车间主任。面对成功，他并不骄傲自满，始终尽职尽责严把产品质量关。所以，他所在车间的产品质量一直是最好的。

　　几年后，由于经济形势不景气，出口订单大幅减少，经济效益下降很多，为了扭转困难局面，厂里决定实行承包制，小武承包了二车间。由于他技术过硬，又勤奋好学，工人们也都乐意跟着他干。这时，他又拿出钻研业务的劲头投入营销中，成立了一支精干的销售队伍。由于产品质量过硬，营销得力，很快就打开了市场销路，小武也在行业中成为赫赫有名的人物。

年底结算，其他车间都出现了不同程度的亏损，唯有二车间赢得了相当可观的利润。因此厂里决定把车间全部承包给小武。在工厂对科室人员进行精简时，当年和他一起进厂的大学生因为技术不过关，有的下岗了，有的当了食堂管理员，还有的当上了门卫。

后来，小武通过融资，买下了这家工厂。现在，他已经是当地有名的民营企业家了。

小武的成功历程告诉我们，在遇到困难和挫折的时候，你的态度和决心，左右着你对责任做出的选择与取舍。敢于负责，凭借自己的责任心一步步提升自己的能力，进而担当更大的责任，最后取得成功。

第四章　责任为你导航

大凡成功人士，他对人生的价值、人生的追求都有独到见解。一个成功的政治家自然有许多超越常人的地方，而一个成功的企业家大多会是一个优秀的政治家！因为他如果看不清责任，辨不准方向，对不准目标，怎么能够成功？不成功，哪来的出路？

接受责任的信任

将责任交付与你，就意味着是对你的一种认可和信任。世界上没有无缘无故的爱，也没有无缘无故的恨，这是一个基本的规律。能把责任交给你，不知道决策者事先在心里考虑了多久，有些恐怕还要征求相当多的人的意见才下的决心。这说明你在决策者的心目中是个最合适的人选，具备完成这项工作任务的能力。

大家都知道"姜太公钓鱼——愿者上钩"这样一个流传千古的故事，说的是：商纣暴虐，周文王决心推翻暴政。太公姜子牙受师傅之命，出山帮助文王。但姜子牙觉得自己半百之龄、又和文王没有交情，很难获得文王赏识。既然受师傅之命，也就应承下来，于是在文王回都途中，在河的旁边，用没有鱼饵的直钩钓鱼。大家知道，鱼钩是弯的，但是姜子牙却用直钩（那其实也不能叫钩了）、不用鱼饵钓鱼。文王见到了，觉得这是奇人（古代人对奇人都很尊敬的），于是主动跟他交谈，发现真的是治国安邦之才，便招入帐下。后来姜子牙帮助文王和他的儿子推翻商纣统治，建立了周朝。

我们可以推测一下，姜子牙已经这么大年纪了，为什么还要去干一番事业？因为那是师傅之命，师傅之心愿，师傅之嘱托。师傅之托是要惩恶扬善，是正义之举，在师傅的心中只有姜子牙才能担此重任。在弘扬正义的进程中姜子牙是不二人选，在救民众于痛苦之责任的布局中，此是妙招。

有了师傅的期待和信任，困难是能够克服的，条件是可以创造的。姜子牙背负着这个伟大的使命，承担着这份重要的责任，他能不尽心尽力吗？在河边钓鱼是经过周密谋划之后的行动。钓鱼的人那么多，怎样表现才能引人注意？周文王什么时间路过这里？都要事先规划好。见面之后谈些什么，周文王能否接受也要做做功课。绝不能大意，否则，完不成使命，也就没有后面的故事了。姜子牙帮助周文王建立周朝的过程中，历经了千难万险，度过了峥嵘岁月，在中华民族的历史长河中影响是巨大的。

可见，上古时代，我们就在倡导一种责任意识，一种责任担当。而这个能够流传千古的神话故事，传播的也是一种责任意识。在企业内部，工作任务的界限有时是很清楚的，有时又是模糊的，这个时候体现的就是我们对责任的理解，对信任的诠释。

有的人在工作职责范围内，认认真真、兢兢业业，但工作范围之外却不管不问，这说明此人还缺乏修养，不可担当大任。相应的，他也就没有机会获得信任，成功的概率也很小。我们可以看看身边的成功人士，他们都有一个显著的特点：不仅工作分内的事完成得很出色，分外之事也是尽心尽力。通俗点讲，就是特别厚道，非常热情，不怕吃亏。姜子牙年过半百还去打拼，难道他不知道享福？只能说明这些成功的人士对责任的理解非常到位，把获得他人的信任看得更深更高更远。

美国标准石油公司曾经有一位名叫阿基勃特的小职员。阿基勃特有一个习惯，不管他是出差、住店、签名，还是书信、收据签字，他总会在其名字下面写上"每桶四美元的标准石油"这几个字。因此，同事给他起了个绰号叫"每桶四美元"。

公司董事长洛克菲勒知道这件事情之后，邀请他共进晚餐，想知道他为什么这样做。

阿基勃特回答说："这不是咱们公司的宣传口号吗？我每多写一次就可以多让一个人知道。"他认为身为标准石油公司的一员，就有责任为公司做宣传。虽说这不是阿基勃特的主要工作，但他热爱这个企业，信任这个企业，他用自己的实际行动，获得了公众对企业的了解和信任。

阿基勃特对标准石油公司的忠诚，受到了洛克菲勒的赏识，从此步入了升职的快车道。后来，洛克菲勒卸任，阿基勃特成为美国标准石油公司的第二任董事长。

阿基勃特的做法，就是用敢于负责来规范自己的行为，久而久之，敢于负责就变成了一种工作习惯。这种负责任的结果，收获了两个信任：大众对标准石油公司的信任，标准石油公司对阿基勃特的信任。信任是和谐的基础，信任往往会有善的回报。

杰瑞是一位美国人，他的妻子得了一种怪病，全身莫名其妙地疼痛。为治好妻子的病，杰瑞跑遍了世界上的一些著名医院，然而妻子的病况却始终没有好转。五年前，杰瑞听说中医专治疑难杂症，于是便带着妻子千里迢迢来到中国。由于语言不通，需要请一个翻译。那时正值暑假，杰瑞在北京外国语学院请了路向丽做翻译。

路向丽是来自宁夏的一个贫困生，母亲多年重病在床，她巴不得找个临时工作，有收入又能提高外语水平。有外国人找她，她觉得自己万分幸运。然而，由于给妻子看病已经花去了自己全部的积蓄，杰瑞手里的钱也所剩无几，他把雇用翻译的费用压得很低，小路勉强接受了。

杰瑞带着病重的妻子奔波于北京的医院，每天都非常辛苦。路向丽不但要为他们做翻译，还要替他们挂号、拿药、排队，事情非常琐碎。可以说，杰瑞不仅雇了一个廉价的翻译，同时还雇了一个勤杂工。

很多人都说美国人有钱，杰瑞却没有给路向丽这个印象，出门如果不是特别需要，杰瑞通常都是挤公共汽车。几天下来，小路就看出来，这个美国人其实没有钱。

路向丽刚刚给杰瑞和他妻子当了半个月的翻译，一位同学便带着一个外国人风风火火地来找她。原来一个加拿大公司来北京谈生意，由于谈判项目增多，急需再增加两名翻译，报酬相当丰厚，这位同学让路向丽赶紧辞掉杰瑞的事。杰瑞通过加拿大人和路向丽的对话，知道了事情的大意，杰瑞知道两边的报酬差距很大，但他又不好说什么，只希望小路在走之前，能尽快再给他找一名中国翻译，哪怕只会最简单的交流。

路向丽抬头看着杰瑞，又看看他生病的妻子，半天都没有说话。最后，路向丽回绝了同学和加拿大人的请求，她说她现在已经熟悉了杰瑞妻子的病情，如果换个生人，在与大夫的交流中，会对杰瑞妻子的病不利。杰瑞强忍住眼里的泪花，什么也没有说。

经过三个多月的中医治疗，杰瑞妻子的病情有了好转，只是需要静养和调理。杰瑞与他的妻子离开中国，路向丽也回到学校。

第二年，杰瑞妻子的病情大为好转，偶尔还帮助杰瑞打理公司上的一些事情，而杰瑞则开始全身心地去照料他几乎倒闭的企业。

两年后，路向丽大学毕业，奔波于找工作的艰辛中。就在这时，杰瑞寄来了一封信。

杰瑞说路向丽的善良与为人深深打动了他，几年来他念念不忘。如今他的公司很快就要到中国办厂，需要一名中国方面的代理人，问路向丽愿不愿意与他合作，报酬是每月3万美元。

路向丽万万没有想到，在她为工作、前途担忧的时候，从大洋彼岸飞来如此的幸运，而这一切，仅仅是因为几年前，她做了一件诚信待人的事，她觉得自己只是做出了一点小小的牺牲，却为她带来了莫大的收获。

激动之余，路向丽感慨人生的戏剧性，也惭愧自己的当初。其实，当同学找她去挣那份钱时，她也动摇过，只是她想到了在宁夏老家病重的母亲同样时时面临着需要别人的帮助，她是把杰瑞的事与母亲的事联系在了一起，是希望母亲能时时遇到好人，而自己先做了好人。是对母亲的关爱让她没有离开杰瑞。路向丽由衷地感谢这个决定，同时也暗下决心，今后做人，更要友善和负责。

这既是路向丽个人的幸运，也是行善者的因缘，更是诚信的收获。路向丽接受杰瑞的雇用，就是接受了这份责任。责任中包含着信任，信任就需要付出，需要牺牲。路向丽付出的是为杰瑞当翻译以外的劳动，牺牲的是收入的减少；责任中也包含着爱，路向丽把对母亲的爱延伸到对杰瑞妻子病痛的同情，是责任的扩大，是信任美德的展示。越是在困难的时候，越是需要信任，当然更不能缺少责任感。

老约翰对责任和信任的理解非常独到。约翰从父亲老约翰手中接过家族企业不过三年，不幸的是，突如其来的一场经济危机使约翰陷入了困境，产品堆积，资金周转困难，一夜之间，破产的危险一步步向他紧逼而来。周围的企业纷纷裁员，有的甚至破产倒闭，约翰的一些朋友们纷纷劝他赶快裁员，以此减轻企业经济负担。约翰起初也很矛盾，思考良久，他终于决定采用朋友的建议——裁减一半员工！

　　这个消息不知怎么传到了老约翰的耳朵里。第二天，老约翰早早地来到了约翰的办公室，勒令他收回决定。约翰很不服气，并述说了一堆理由。老约翰非常生气，立即召开家族会议解除了约翰的职务。中午，老约翰走进了工人的餐厅，看见大家一脸憔悴，碗里是白水煮的青菜，老约翰立刻从街上的小餐馆花三英镑买回一些肉食，端进餐厅，哽咽地说："工友们，你们受苦了。现在，我已解除了约翰的职务，我接受这份责任，与工友们一起面对困难，并且从今以后，每天中午我和你们一起吃饭，当然，价值三英镑的肉食必不可少！"工人们欢呼雀跃起来。要知道，那种困难的时候，尤其在国家经济危机的困境中，三英镑可不是个小数目，它足以维持老约翰夫妇一天的基本生活所需。

　　然而，大家知道吗？每天三英镑，企业没有裁员，人心稳定……这些所带来的效益是无法用具体的数据计算的。工人们因为心存感激，并且对企业由衷地信任，积极性和工作责任感极大地迸发，所以他们每天拼命干活，努力降低成本，没多久，这个小作坊式的企业竟然从难关中一步步走了出来，而且一步步发展壮大，最终成为英国一家著名的电器公司，拥有的资产超过了千万英镑。

　　看，老约翰就是用自己对责任的担当和对员工的信任，换来了公司的迅速发展和长远发展，除此之外并没有采取什

这个社会尊重那些为它尽到责任的人。

——梁启超

么高超的管理手段。

从老约翰朴素的言行中，我们不难看出他处事的准则，那就是责任担当不能缺失，信任的行动不能缺失。从小事做起，从最打动人心的角度入手，那么，你就可以创造人生的奇迹！

企业信任员工，员工信任企业，收获的必将是责任的落实。

现实生活中，我们以良好的结果为导向，时刻不忘肩负的责任，珍惜产品质量和企业的声誉，工作过程中着力于完善每一个细节，这不仅是赢得他人信任的一大捷径，更是我们迈向卓越的最好保证。

一家德国企业在韩国订购了一批价格昂贵的玻璃杯，为此德国公司专门派来一位官员监督生产。来到韩国以后，他发现，这家玻璃厂的技术水平和生产质量都是超一流的，生产的产品几乎完美无缺，他感到非常满意，就没有刻意去挑剔什么，因为韩方对自己的要求比德方还严格。

有一天，他来到生产车间，发现工人们正从生产线上挑出一部分杯子放在旁边，他拿起杯子仔细看了一下，没有发现两种杯子有什么差别，就好奇地问："挑出来的杯子是干什么用的？"

"那些杯子都是不合格的产品。"工人边工作边回答。

"但我并没发现它们和其他的杯子有什么不同啊！"德

方人员很不解。

"你自己看，这里多了一个小气泡，这说明杯子在吹制的过程中进了点空气。"工人解释说。

"可那并不影响使用啊！"德方官员说道。

"我们既然工作，就一定要做到最好，任何一点缺点，哪怕是客户看不出来的，对我们来说，也都是不允许的。"工人很自信地回答。

"那么，这些次品通常要卖多少钱呢？"德方官员问。

"大概3元吧。"工人答道。

当晚，这位德国官员在给总公司汇报时说："一个完全合乎我们的检验和使用标准、价值30元的杯子，在这里却被近乎苛刻的标准挑选出来，只卖3元，并且这一切是在无人监督的情况下做到的。这样的员工堪称典范，这样的企业我们完全可以信任。我建议公司可以与该企业签订长期的供销合同，我本人也没有必要再待在这里了。"

员工对责任的履行，对产品质量的把关，不是为了获得一批订单而刻意为之。没人监督，是执行制度的一种自觉行为，员工把能承担这份责任看成是企业对自己的信任，而恰恰是这种对责任的信任向客户传递了企业的责任、企业的信誉。最终的结果是企业获得了订单，效益有了保证，工人的待遇自然就会提高。我们接受责任并履行责任，收获了信任提升了薪资，何乐而不为？

正是他们选择了正确对待责任的态度，收获了别人对自己的信任，而人生自我价值的实现就是顺理成章的事了。

行使责任的权力

有一种权力是与生俱来的权力，这种权力不经过法定的程序是不能被剥夺的；还有一种权力是通过一定的形式赋予的，一般而言这种权力是有时限的。通常在赋予你权力的同时，责任就自然而然产生了。

责任，对于社会而言，其重要性不言而喻。

对于责任，古今中外的许多名人、伟人都有着精辟的理解。

梁启超说："人生须知负责任的苦处，才能知道尽责任的乐趣。"

丘吉尔说："高尚、伟大的代价就是责任。"

列夫·托尔斯泰说："一个人若是没有热情，他将一事无成，而热情的基点正是责任心。"

雨果说："我们的地位向上升，我们的责任心就逐步加重。升得越高，责任越重。权力的扩大使责任加重。"

权力的扩大使责任加重。你在履行职责的同时就是在行使你所拥有的权力。你的权力大，就意味着你的责任也大。

1990 年 11 月，46 岁的吴天祥被任命为武汉市武昌区信访办副主任。吴天祥明白，职务的提升并不意味着自己的能力水平就会自然提升，他需要在新的岗位上不断学习，认真履职，行使好人民赋予自己的权力，用实际行动向人民交一份合格的答卷。

1993 年春天，武昌区解放路 252 号的一家企业宿舍区的居民院，通向公厕化粪池和下水道的管道堵塞了。居民多次向企业反映，但管道堵塞了一个多月，问题也没有解决。居民们听说吴天祥总是为群众排忧解难，便试着找到区信访办。按说企业自管房不属于区政府负责范围，吴天祥完全可以推托。但吴天祥没有这样做，他迅速赶到现场走访察看，随即又请来消防队帮忙疏通。

他率先趟过粪水，掀开窨井。一看，下水道口被泥堵死了，高压水枪根本插不进去。怎么办？面对蛆虫蠕动、恶臭熏天的窨井，吴天祥没有犹豫，他纵身跳进齐胸深的窨井中。他先是用脚踹，不行；他接过高压水枪往里喷，但距离远，使不上劲；他索性屏住呼吸，猫下腰，摸索着将高压水枪往管道口里捅。

消防高压水枪启动了，瞬间喷出的粪水溅了吴天祥一脸。管道终于通了，居民们感动得热泪盈眶。吴天祥用他的行动，赢得了人民群众的信任与好评。

吴天祥为什么能把信访工作干得有声有色？为什么能将百姓的难事办好？因为他知道，自己的责任就是在信访工作岗位上为人民群众排忧解难。要说权力，这就是他的全部权力。因为他有敢于负责的精神，正是有了这种精神，他才能不怕粪水脏，不怕别人骂，全心全意地把信访工作做好。正是有了这种精神，再难的事，在他的面前都不难；再复杂的问题，在他的面前都不复杂。

由此看来，工作中，难的不是问题，而是有没有敢于负责的精神，有没有认真履职的勇气，愿不愿意把人民赋予的权力用在人民需要的地方、需要的时候。如果你没有这种履行责任的精神，小事也会是大事，简单的事也会变复杂，本职工作也会推给别人干。如果你有我的职责就是为民众行使权力的精神，即使天大的难事，也不会难住你。所以，在困难面前，重要的是精神别倒，精神别滑坡。只要精神不滑坡，办法总比困难多。

高尔基曾经说过："如果你在任何时候、任何地方，你一生中留给人们的都是些美好的东西——鲜花、思想，以及对你的非常美好的回忆——那你的生活将会轻松而愉快。那时你就会感到所有的人都需要你，这种感觉使你成为一个心灵丰富的人。你要知道，给永远比拿愉快。"

工作中怎样才能达到这一境界？敢于在蓝天与死神搏斗的

勇士——邹延龄，用他的行动诠释了达到这种境界的过程。

邹延龄是空军某部试飞大队国产运八飞机首席试飞员。他在多年的科研试飞中，以大无畏的敢于负责的拼搏精神和精益求精的科学态度，行使着为我国的航空事业做贡献的权力，飞出了连世界著名试飞员都不敢飞的高难风险科目。同行们称他为"试飞大王"。

"试飞大王"这一称号的获得，是跟邹延龄那种负责的崇高精神境界分不开的。例如，"大吨位失速性能试飞"是航空界公认的一级风险试飞科目，连高薪聘请来的美国试飞员都不敢尝试，但邹延龄没有退缩，他决心为祖国的航空事业来承担这个责任，愿意为我军早日拥有现代化的战机来行使权力而承担风险。

经过他的努力，"大吨位失速性能试飞"获得了成功。

在邹延龄的试飞生涯中，他先后创造了穿越雷雨飞行 6 小时、海上云雾低空飞行 2500 千米、51 次进藏飞越唐古拉山的成功纪录。他和战友们飞出了"运八 C 型"飞机的许多极限，改写了 5 项原设计指标和试飞纪录，创造了运八飞机试飞史上的 16 个第一。

在科研试飞中，他仅重大险情就遭遇过 8 次，更不用说一般险情了。长期担任试飞员，邹延龄不是不知道试飞的危险，但他更知道自己身上的责任，知道自己身上的使命。知道是为了谁在履职，为什么在行使这神圣的试飞权力。为了共和国的航空事业，为了国防现代化建设，他必须责无旁贷地迎着困难上，迎着危险上，去承担这一责任，去完成这一使命，去行使这一权力。

朋友问邹延龄为什么面对困难和危险时，不畏惧、不退缩？邹延龄回答："为祖国负责，为人民负责，为中华人民共和国的航空事业负责。"

这就是邹延龄敢于负责的崇高精神境界。从邹延龄身上我们可以看出：

敢于负责，才能勇于担当。一个敢于负责的员工，不管上级部署的工作任务是何等艰巨，也不管他自身肩负的工作任务是何等繁重，他都能义无反顾、积极主动地把它承担下来，用负责任的精神加上科学严谨的态度将之完成好。

敢于负责，才能正确行使权力。一个敢于负责的员工，不仅要有敢于负责的精神，战胜困难的勇气，还要能正确地行使自己的权力，让权力的使用处处体现着组织的需要，人民的需要，祖国的需要。

简而言之是要用心去尽责，用心去行使权力，否则职责没有完整的履行，权力这个好钢没有用在刀刃上，辜负了肩上的责任。

有一位小和尚在寺院担任撞钟之职。按照寺院的规定，他每天必须在早上和黄昏各撞一次钟。

开始时，小和尚撞钟还比较认真负责，但半年之后，小和尚觉得撞钟的工作太单调、太无聊，于是，他就"做一天和尚撞一天钟"了。

一天，寺院的住持忽然宣布要将他调到后院劈柴挑水，不让他再撞钟了。

小和尚觉得奇怪，就问住持："难道我撞的钟不准时、不响亮？"

住持告诉他："你的钟撞得很响，但钟声空泛、疲软，因为你心中没有理解撞钟的意义。钟声不仅仅是寺里作息的准绳，更重要的是要唤醒沉迷众生。因此，钟声不仅要洪亮，还要圆润、浑厚、深沉、悠远。如果不虔诚，怎能担当撞钟之职？"

工作中，那些"做一天和尚撞一天钟"的人，不可能真正成为一名敢于负责的员工，是早晚会被"免除撞钟之职"的。

敢于负责，能够正确行使自己权力的人，需要对责任有深刻的理解，需要具备敢于负责的精神，需要有高超的驾驭权力的能力。

《西游记》中的孙悟空、唐僧是大家再熟悉不过的两个角色。

孙悟空在取经途中可谓立下了汗马功劳，但他身上有许多缺点，如有时缺乏组织纪律观念，有时我行我素、桀骜不驯，给团队管理带来了很多难题，但团队中又不能没有他，因为他能够解决一些棘手的问题，在危急关头能挺身而出、无人能替，所以观音就给唐僧一个特殊的权力，让孙悟空戴上紧箍儿，在需要时用紧箍咒约束孙悟空的行为。这样既能发挥孙悟空的敢闯敢干、不畏艰险的战斗精神，又能对其进行有效的管控。

对唐僧来说，行使这个权力中的学问可就多了。首先，他要界定对孙悟空管控的条件、环境、程度，这就是通常所说的职责范围，假如不把这些界定清楚，孙悟空整天老老实实地跟在唐僧的身边，《西游记》就不会成为一部世界名著了。

接下来就要看唐僧是如何履行职责、行使权力的了。一路西行，困难重重，人妖颠倒是非淆。作者吴承恩看似浓墨重彩地描写孙悟空与妖魔斗智斗勇，实则暗藏了对唐僧高超的领导艺术的描述。因为唐僧总是在问题处于快要失控的临界点前，及时地行使对孙悟空的适当管控，这就是在履行职责，就是在行使权力。唐僧如果过度地行使权力，孙悟空会变得唯唯诺诺，那谁能去与妖怪战斗？如果唐僧完全放松对孙悟空的管控，孙悟空就会像一匹脱缰的野马，整个西行计划就会化为泡影。那唐僧是如何拿捏管控孙悟空的尺度的呢？

因为唐僧非常清楚，这次西行，主要任务是去取经，不是去打通西行的道路，不是去消灭西行道路上的妖魔鬼怪。也就是说，唐僧在行使权力的时候头脑始终是清醒的，目的非常明确，履职的所有前提都是为了尽快西行，主要矛盾抓得准。在对孙悟空的多次管控中，有过烦恼，有过愤怒，但唐僧没有把矛盾上交，而是在一次次管控过程中去总结、去体验。总结如何在孙悟空身上更好地表达扬长避短之内涵。因为孙悟空身上的优点、缺点异常突出，必须很好地利用；体验如何在对孙悟空的管控中用最小的伤害，取得最佳的效果，并憧憬到达西行的目的地后的盛况，以及完成任务后的释然。

正如梁启超先生所说："人生须知负责任的苦处，才能知道尽责任的乐趣。"这是履行职责，行使权力的一种很高的境界，是对责任的内涵与外延的一种深度理解，表达了人们在对权力者的一种高度期待。有了这种境界，履职过程中的痛苦和烦恼，都可以笑而应之。所以，唐僧在履行职责的过程中表现得宽松有度、游刃有余。

这不正是我们在现实社会中倡导的履行职责、行使权力的最佳境界吗？我们大家关注的一些社会热点问题，如城管与摊贩。群众期望的是一个双赢局面，即城市卫生整洁，摊贩有序经营。而现实是两者在认知上冲突多多，不是一句话能说清孰是孰非的，但它毕竟是社会的一种诉求，需要我们的城市管理者深思。

管理者是在履行职责、行使权力，这就需要管理者们对责任有更充分的认识和理解，对履行责任有更多的应对办法，在行使权力的时候有一定的自我约束。这样我们的生活才会不断进步，文明程度也会大大提高。

我们每个人既是履行责任和行使权力的管理者、实施者，也是被管理者、执行者，双方相互交集，你中有我，我中有你，是一个不可分割的有机整体。让我们共同努力，认真地履行自己的责任，维护和行使自己的权力。

享受责任的快乐

很多人都知道安德鲁·罗文中尉。他是一个不畏艰难，听从命令，服从指挥，在困难面前不找借口来推卸责任的人，是一个能保质保量按时完成任务、值得被信任的人，所以是他把信送给了加西亚。

安德鲁·罗文中尉是出版家阿尔伯特·哈伯德《把信送

给加西亚》一书的主角。故事大概是：一百多年前，美西战争爆发。时任美国总统麦金莱想立即与古巴的起义军首领加西亚将军取得联系。加西亚将军隐藏在古巴辽阔的崇山峻岭中，没有人知道他的确切地点。怎么办？有人向麦金莱举荐了安德鲁·罗文中尉。

安德鲁·罗文中尉来到了总统面前，总统把信件交给了他，并要求他"必须把信件送给加西亚，而且要独立完成任务"。安德鲁·罗文中尉接过信件，没有问为什么让自己去送这封信，更没有提任何要求，他只是毫不犹豫地把信接过来、放好，就立即上路了。

罗文中尉徒步穿越了一个处于战争状态且危机四伏的国家，二十多天后，把信送给了加西亚，并且为麦金莱总统带回来珍贵的情报，出色地完成了一个艰巨的任务，为赢得战争的主动权做出了突出贡献！

安德鲁·罗文中尉受领任务，就是承担着一种责任，在明明知道这个任务需要冒巨大风险的情况下，也义无反顾地接受它。没有任何推诿，而是以其绝对的忠诚、责任感和创造奇迹的主动性完成了这件"不可能完成的任务"。在安德鲁·罗文中尉的心目中，承担责任、感受信任是一件快乐的事情，即使需要付出艰辛的劳作。这种使命感的精神升华，需要个人具有良好的修养。这种修养也是一种对工作、对事业的责任意识，更是一种敬业精神。

通俗来说，敬业就是敬重自己的工作，将工作当成自己家里的事来看待。其具体表现为忠于职守、尽职尽心、认真负责、一丝不苟、善始善终等，其中糅合了一种使命感和道德责任感。这种道德责任感在当今社会得以发扬光大，使敬业精神成为一种最基本的做人之道，也是成就事业的重要条件。

我们身边有不少安德鲁·罗文中尉式的人物。像石油战线上的铁人王进喜，他身上所体现的是一种敬业精神，他最著名的一句话："没有条件创造条件也要上。"这句话所彰显的正能量与安德鲁·罗文中尉的行动极其一致。

任何一家想在竞争中取胜的公司都必须设法使每个员工敬业。没有敬业的员工就无法给顾客提供高质量的服务，就难以生产出高质量的产品。推而广之，一个国家如果想屹立于世界之林，也必须使其人民敬业。只有每个人干一行爱一行，敬业的社会才会呈现在大家的面前，这需要我们每个人参与，每个人在参与的过程中享受责任带来的快乐。

当"不敬业"成为一种习惯时，其结果可想而知。工作上投机取巧也许只给你的老板带来一点点的经济损失，但是却可以毁掉你的一生。当我们将敬业变成一种习惯时，就能从中学到更多的知识，积累更多的经验，就能从全身心投入工作的过程中找到快乐。这种习惯或许不会有立竿见影的效果，但可以肯定的是，它是成功的必经之路。

一个勤奋敬业的人也许短时间内并不能获得上司的赏识，但至少可以获得同事、工友的尊重。那些投机取巧之人即使利用某种手段爬到高位，但往往被人视为人格低下，无形中给自己的成功之路设置了障碍。不劳而获也许非常有诱惑力，但很快就会付出代价，他们会失去最宝贵的资产——名誉。诚实及敬业的名声才是人生最大的财富。

1996 年 8 月，一场交通事故让辽宁省营口大石桥市金屯村的张凤毕一家背上了 13 万元的债务。为了还清债务，张家变卖了所有能变卖的家产，又向亲朋好友借了一些钱，终于在法院规定之日的前一天，将 13 万元钱交到了执行庭。

张家因此而变得一无所有。全家只好搬到了 10 年前承包的一块荒山上。没有房子，张家老两口就用土和拣来的木板搭起了"新"家；山上没水没电，张家就过起了点着煤油灯、到山下挑水吃的生活。

为了还清欠亲朋好友的钱款，张凤毕决定带领家人在荒山上种树，等树长大后还债。他一口气种了 10000 多棵树。山上没有水，他就每天往返三四十趟，下山抬水浇树。

张凤毕的故事经媒体报道后，感动了营口的市民。2004 年 4 月 10 日，张凤毕家承包的 80 亩荒山上，人头攒动。1000 多名市民，其中包括中小学生、机关企事业单位干部职工、公安交警等，拿着铁锹、水桶，到这里挖坑、担水、种树。

张凤毕一家人忙得不亦乐乎，在人群当中走来走去，端茶、倒水、递毛巾。张凤毕说："这是我们家出事以后最快乐的一天。"为弘扬张凤毕一家的诚信之举，人们在林子边立了一块碑，上刻三个刚劲有力的大字：诚信林。

是什么力量把这1000多人聚集到张凤毕承包的荒山上？是诚实守信的力量！是责任坚守的感召力！

是什么精神让张凤毕一家不惜一切代价去偿还欠债？是敢于承担责任的力量！是勇于负责的态度！

张凤毕之所以能够在履行职责以后，还能够快乐地生活，是因为他没有把承担责任当作负担，当作包袱。我们不去评价张凤毕当年车辆事故的细节，可以肯定的是他负有责任。面对责任他不躲避，坦然承担后果。

感动大家的恰恰是他这种面对挫折的勇气和在困难中的坚强，他让大家感受到了勇于承担责任的正能量。这种敢于负责后的快乐生活的精神风貌。

受人尊重会获得更多的自尊心和自信心。不论你的工资多么低，不论你的老板多么不器重你，只要你能忠于职守，毫不吝惜地投入自己的精力和热情，渐渐地你会为自己的工作感到骄傲和自豪，就会赢得他人的尊重。以主人翁和胜利者的心态去对待工作，工作自然而然就能做得更好。

一个对工作不负责任的人，往往是一个缺乏自信的人，也是一个无法体会快乐真谛的人。要知道，当你将工作推给他人时，实际上也是将自己的快乐和信心转移给了他人。当你为他人分担忧愁和困难时，那是在履行一种社会责任，是在行善做好事，是一种快乐阳光心态的表达。

有这样一对在北京打工的小夫妻，丈夫姓李，妻子姓白。过春节回家，夫妇二人好不容易买到了两张车票，欢喜之情溢于言表。夫妻俩拖着行李高兴地奔向了车厢。上车后，他们发现有一位女士坐在了他们的位子上。妻子小白看看先生小李，先生示意妻子坐在这位女士旁边的位子上，将行李安顿好，然后并没有请那位女士让出位子。小白坐定后仔细一看，发现那位女士右脚有点不方便，这才了解先生小李为何不请她起来。于是，8个多小时的车程，小李就一直站着。

下了车之后，小白心疼地跟丈夫说："让座位是好事，该提倡，可是从北京过来，8个多小时，中途你可以让她起来，换你坐一下啊！"没想到先生小李却说："人家不方便一辈子，我们就不方便这8小时而已。"小白听了以后非常感动。

"人家不方便一辈子，我们就不方便这8小时而已。"一句简单的话语，却让人为之动容！如果每个人都能像小李先生一样，那么整个世界便洒满了温暖的阳光！

能为他人分担困难，是精神上的一种享受，是友善的体现。

能这样做的人也是一个懂得感恩的人。感恩，是每个人发自内心的一种高贵的情感，需要我们用心去传达；感恩之心，不在事情的大小，而在心意；感恩的意义不仅仅快乐了他人，也影响我们自己。父母劳累的时候，递上一杯热茶，不开心的时候，送去几句暖心宽心的话；同事需要帮助，发个传真，接个电话，举手之劳，却使得同事关系快乐而和谐。

有人问一位成功学专家："你觉得大学教育对于年轻人的将来是必要的吗？"这位成功学专家的回答发人深省。

"单单对经商而言不是必需的。商业更需要的是敬业精神。事实上，对于许多年轻人来说，大学教育意味着在他们应当培养全力以赴的工作精神时，却被父母送进了校园。进了大学就意味着开始了他一生中最惬意、最快活的时光。当他走出校园时，正值生命的黄金时期，但此时此刻他们往往很难将自己的身心集中到工作上，结果眼睁睁地看着成功机会从身边溜走，真是很可惜啊。"

人们都渴望自己的人生能够辉煌，这就需要你有敬业精神，需要有责任的担当，需要有战胜困难的勇气和信心。有相当一部分年轻人在刚刚参加工作时，往往在对待具体工作上忘记了这些基本要素，总想有捷径可走，有"贵人"相助，这位成功学专家的分析应该说是入木三分。

我们可从安德鲁·罗文中尉对待任务的态度，张凤毕履行责任后对待生活的态度，小李小白夫妇让座的善举中领悟到责任是一副担子，要想成功实现人生的价值，就要勇敢地承担起来，尽管有艰难困苦，有时还要做出牺牲，但仍然要坦诚地去面对，带着微笑出发。在过程中让我们的精神得以升华，感悟到履职尽责后的快乐！

理解责任，才能坚定方向

　　生活中的历练，让我们理解了责任，理解了这个社会能给我们的所有尊重，于艰难中，懂得了承受，懂得了坚定，慢慢地丰满我们自己；理解了责任就能坚定方向，就会有坚定的信心。怀揣着坚定的信念，就会拥有巨大无比的勇气。无论前方有多么大的艰难险阻，都会置之度外，视困难如草芥。心有责任，心怀信念，为自己的梦想和追求不懈努力。

　　"不畏浮云遮望眼，自缘身在最高层。"这是王安石在登飞来峰时创作的。当时的王安石，正在开展革新变法，却阻力重重。王安石深知肩上的责任，明白自己的使命。正因为他的内心有着坚定的方向，他才会不畏惧前方道路的艰难险阻，与阻挠和反对革新的人进行勇敢的斗争，坚定地前行。

　　坚定方向，无畏前行，光明就在眼前！从古到今，多少有志之士都是如此，心怀信念，勇担责任，坚定方向，冲破黑暗，奋勇前行。抗日英雄佟麟阁、赵登禹，以立志解救中华民族于水深火热境地为己任，坚定一心报国的方向，为了国家的独立与自由，为了民族的存亡，在北平与日军展开殊死搏斗，最终壮烈牺牲，为国捐躯。他们心怀强军富国之梦，用自己的努力，建设了一支强大的二十九军，上下齐心，艰苦作战，面对日军猖狂的挑衅，他们选择了英勇地抵抗，浴血奋战，坚持到底。"天下兴亡，匹夫有责"，正因为佟麟阁、赵登禹有着责任的担当，方向的坚定，才会不畏惧日军的侵略，全力反抗，义无反顾地为国家、为民族牺牲自己。

只有理解责任，明确责任，敢于负责，才有内心坚定的方向，才能无畏地前行。胸怀理想，目标明确，即使前方道路泥泞不堪，困境重重，我们也不会在纷繁复杂的世界中迷失自我。

第五章　责任当头，担当为先

责任是一种使命，一种素质，一种美德。责任感是我们立身做事的基本条件；责任心是我们事业的基石。

"事不避难，勇于担当。"担当，就是勇挑重担、敢于负责。有无担当精神，是衡量一个人素质高低的重要标尺。高度负责，勇于担当，是一种气魄，更是一种精神。

在其位，谋其事，负其责。工作便意味着责任，增强责任意识，是对每个人的基本要求。只有思想上重视了，才能真正有负责的工作态度，才能把责任意识转化为自己的工作行为，才能确保在工作中忠于职守、尽职尽责。

同时，强化责任意识还要以能力作保证。一个人只有具备与自身岗位相匹配的能力，责任与能力相辅相成、相得益彰，才能干好本职工作。所以，我们不仅要增强责任意识，更要提升自身的工作能力。

一无所担，必然一事无成

不愿意承担责任的人，通常很难取得成功，不管是在家庭中、工作中，还是在事业上，都是如此。反之，有担当、负责任的人，在各个方面、各个领域取得成功的比比皆是。

首先，让我们看看一无所担的人的行为后果是什么：得不到他人的信任；受到法律的惩罚；受到大众的谴责。然后，我们再看看古今中外的成功者，都有哪些共同点：有高尚的人格魅力与亲和力，人们愿意与其交往；说话有分寸，守规矩，讲道理，有责任担当，从不闯法律的红灯；为人处事低调随和。

小黄和小江是高中同学，毕业后一起来到山西临汾学习装修。一个学习木工，一个学习电工。应该说两个人学习都很刻苦和勤奋，加上又都有一定的文化基础，很快就能够独立工作了。

一年后，小黄和小江分别独立承揽工程。第一年，不管是工程量还是收入，两人差别不大。第三年，两人的差别就显现出来了。小黄在临汾已经承揽不到什么装修装饰的工程了，而小江的活却一个接着一个。

为什么？原来，小黄在装修的过程中一味地追求经济效益，原材料买的是次品，施工工艺上也是不按操作规范实施，特别是在对隐蔽工程施工的时候，如埋设水管时，本来冷水管与热水管是截然不同的，不但材质上有区别，价格上热水管也比冷水管贵了不少，可一般用户并不知道这些，小黄就用冷水管替代热水管。但在向用户报预算时，小黄可是一项都不会少。还有如电源线，预算时报的是铜线价格，施工时则用铝线替代，有时候为了欺骗用户，在布设线路时，两端使用一点铜线，其余使用的全是铝线，就连小黄的工人，有时候都看不下去。如此施工，工程质量可想而知。小黄装修的工程，不到三年就出现了水管渗水、电源插座接触不良、墙面起皮等问题，一传十，十传百，小黄哪还能有生意做？

再来看小江，施工的每一个细节都认真对待，从对原材料进货把关，到施工工艺的操作程序，一点都不马虎。在与用户结算时，也很宽厚。口碑就这样传开了，生意自然越来越多。

五年后，小黄早已给别人打工，继续从事电工工作，而小江已在临汾注册了一个装修装饰工程公司。

小黄和小江对责任的认识不同，担当不同，人生轨迹竟有天壤之别。一些人空谈责任感时，头头是道，具体行动时，却把责任担当又抛在了脑后。也许小江在一个工程中获得的利润并没有小黄多，但是最后的收获却真正属于小江。

正如梁启超先生所说："人生须知负责任的苦处，才能知道尽责任的乐趣。"这个社会尊重那些为它尽到责任的人。

责任的意识，需要树立。责任心和责任感，是我们这个社会为人处事的基本要求。人生在世，就必然要与"责任"打交道：为人父母，养儿育女是责任；身为儿女，孝敬老人是责任；经商开店，诚实守信是责任；悬壶行医，救死扶伤是责任；站在三尺讲台，教书育人是责任；头顶国徽，秉公执法是责任……时时刻刻，事事处处，须臾不可缺失责任意识。可以说，正是人们强烈的责任心、责任感和责任意识，不断推动着我们事业的发展和社会的进步。

责任的重任，需要担当。"苟利国家生死以，岂因祸福避趋之"，是志士仁人对履责的坚定信念；"一人做事一人当"，是老百姓对承担责任最朴实的回答。但是，有的人只愿享受权利，不愿履行义务，更不愿承担责任，对自己应做的事情，却选择逃避；对自己应尽的义务，却选择推脱。交通肇事却逃逸，面对呼救却沉默，明知伤人还狡辩，受人救助反否认……这些现象表明，不肯承担责任的人还大有人在。

1920 年，美国一个 11 岁小男孩在踢足球时踢碎了邻居家的玻璃，邻居索赔 12.5 美元。当时 12.5 美元可以买 125 只下蛋的母鸡。闯了祸的男孩向父亲承认错误后，父亲让他对自己的过失负责。可他没钱，父亲说："钱我可以先借给你，但一年后还我。"从此，这个男孩就开始了艰苦的打工生活。半年后，他终于还给了父亲 12.5 美元。这个男孩就是后来成为美国总统的里根。

我们不知道，如果没有经历这件事，里根还是不是之后的里根。但我们知道，他父亲的所作所为是为了让他懂得：犯了错就该勇于承担后果，不逃避，也不推卸责任。一个有责任心的人就拥有了至高无上的灵魂和坚不可摧的力量；一个有责任心的人在别人心中就如同一座有高度的山，不可逾越，不可撼动。

在营救驻伊朗的美国大使馆人质的作战计划失败后，当时美国总统吉米·卡特即在电视里郑重声明："一切责任在我。"仅仅因为上面那句话，卡特总统的支持率骤然上升了 10% 以上。

做下属最担心的就是做错事，特别是花了很多精力又出了错，而在这个时候，老板的一句"一切责任在我"，让这个下属又会是何种心境？

卡特总统的例子说明：勇于承担责任不仅使下属有安全感，而且也会使下属进行反思，反思过后会发现自己的缺陷，并主动承担责任。

中国科学院院士、著名呼吸病学专家钟南山，在"非典"肆虐期间，毅然挑起重担，站到了抗击病魔的第一线。

从 2002 年年底开始，钟南山这个名字就与非典型肺炎联系在一起。作为广东省非典型肺炎医疗专家组组长，他参与会诊了第一批非典型肺炎病人，并将这种不明原因的肺炎命名为"非典型肺炎"，逐步摸索出一套行之有效的治疗方案，大大提高了危重病人的成功抢救率，降低了死亡率，而且，明显缩短了病人的治疗时间。他主持起草了《广东省非典型肺炎病例临床诊断标准》，并提倡国内国际协作，共同攻克 SARS 难关。

作为一名中国工程院的院士，从接触第一例"非典"病例开始，67 岁的钟南山就像一名具有高度责任感的战士，坚持奋战在抗击"非典"第一线。

不管是后来成为总统的里根，还是总统吉米·卡特，或者是中国科学院院士的钟南山，他们的成绩、成就的取得，不是偶然，而是必然。这是他们对责任的一种担当，对事业的一份执着，对个人世界观、价值观的一种长期修炼。他们说话办事讲规矩、讲原则，诚实低调，不哗众取宠。他们值得人们敬仰。正如托尔斯泰所说："一个人若是没有热情，他将一事无成，而热情的基点正是责任心。"

没有责任心，没有担当意识，不管在什么岗位上，终将是碌碌无为、一事无成。有一个典故就是讽刺没有一点责任担当的人。

清朝学士纪昀的《阅微草堂笔记》中讲北村有个叫郑苏仙的人，有一天他做了一个梦，梦见自己来到阴曹地府。

在阴曹地府，阎王爷正在审理被抓来的人。有个身穿官服的人气宇轩昂地走了进来。他对阎王爷说："自我当官以来，所到之处，只是喝清茶一杯。没有任何腐败的事情发生，无愧于神灵。"

阎王爷听了他的话，付之一笑，对他说："朝廷设立官职，是为了治理地方，安抚百姓。就连那些管理交通释站和掌管水文的小官，都要兴利除弊。如果说，只要不贪财就是好官，那么在官府的大堂上放置一个木偶，它是连一杯水都不喝的，岂不是比你还强吗？"

穿官服者又辩解说："我虽然没有什么功劳，但也没有什么罪过吧？"阎王爷说："你一生致力保全自己。很多案件，你为了躲避嫌疑而不敢仗义执言，这不是有负百姓吗？很多事情，你害怕麻烦而撒手不管，这不是有负国家又是什么？在三年一次的绩效考核中，你的政绩是什么？要知道，身居官职，无功就是有罪！"

身穿官服的人听了这段话，很是局促不安。他刚才进来时的傲慢蛮横劲头顿时无影无踪。

这个典故告诉我们：一个合格的官员，廉洁是必需的。但仅有廉洁还不够，还得干实事有担当，主持公道敢于负责。没有履行自己的职责，就是失职。

心有担当，方能知责履职

心里装着工作，装着事业，装着他人。这是人们对那些有所作为的人的一种褒奖、一种肯定。这些人，即使事业不是轰轰烈烈，在一方也是受人敬重的，因为他们都用履职尽责的实际行动演绎了人生。

武汉市鄱阳街有一座建于 1917 年的 6 层楼房，该楼的设计者是英国的一家建筑设计事务所。20 世纪末，在这座楼房存在了 80 个春秋后的某一天，楼房的设计者远隔万里，给这座大楼的业主寄来一份函件。函件告知：景明大楼为本事务所于 1917 年设计，设计年限为 80 年，现已超期服役，敬请业主注意。

80 年前盖的楼房，不要说设计者，恐怕连当年施工的人也没有几人在世了吧？然而，至今竟然还有人为它的安危操心！操这份心的人，竟然是它的最初设计者，一个异国的建

　　每一个人都应该有这样的信心：人所能负的责任，我必能负；人所不能负的责任，我亦能负。如此，你才能磨炼自己，求得更高的知识而进入更高的境界。

——林肯

筑设计事务所！这份担当能不让我们信服吗？

74岁的军队医学专家、解放军302医院原专家组成员姜素椿，因年事已高，而且曾患癌症动过手术，所以，医院领导特批他在室外坐镇指导抗击"非典"。然而，当姜素椿看到治疗现场各种危急的情况时，他不顾个人安危，以高度的责任感，坚持站在了抗击"非典"的第一线。那些日子，这位老专家忙碌的身影不断出现在病房、手术室。他连续参加对患者的诊断、治疗总结，经常忙得顾不上吃饭和睡觉。

然而，由于体力严重透支，他不幸被感染了。姜素椿建议，立即到广州采集"非典"康复后患者的血清，在自己身上进行试验。大家清楚，输注任何血制品都有一定的风险，是试验就有失败的可能。但在姜素椿的执意要求下，医院经过紧急论证，于3月22日，在姜素椿身上注射了这种血清。同时，医院配合其他药物进行治疗，23天后，姜素椿奇迹般康复出院了。姜素椿又回到工作岗位，为攻克防治"非典"难题继续工作着。难道我们不该为这样的奉献精神喝彩，不该为祖国拥有这样负责任的"中国脊梁"而骄傲吗？

鲁迅先生提倡写文章"写完后至少看两遍，竭力将可有可无的字、句、段删去，毫不可惜"。他身体力行着这一主张，直到生命的最后一刻。在他生命的最后两天，他在对《因太炎先生而想起的二三事》一文的修改上，清楚地展现了这一点。当时，他"已经没有力气了"，但他仍坚持修改，在这篇最终未能完成的仅有2600多字的短短文稿中，修改的痕迹竟达53处之多。鲁迅之所以能成为一代文豪，就是因为他付出了比常人更多的努力，尽了比常人更多的责任。

汶川地震发生的当天，位于什邡市师古镇的民主中心小学的教学楼发生了严重的坍塌，一年级教师袁文婷为了拯救学生，青春定格在了26岁。

灾难发生时，教室里的很多孩子都吓得呆坐着，不知所措。袁文婷用柔弱的双手一次次地把自己的学生从三楼抱到了一楼，当她最后一次冲上三楼的时候，楼房完全垮塌了。在救出了13名学生后，她被压在倒塌的教学楼下。当搜救队员发现她时，她的身上压着一块厚厚的水泥板，怀里还藏着一名已经遇难的学生。

责任的担当有时是需要做出牺牲的，教师袁文婷的举动，是她平时素养的集中爆发，只有把对学生的爱时刻装在心中，把对教师这个职业的忠诚时刻放在心上，在这生死攸关的时刻才会奋不顾身，用行动让人们看到自己对责任的理解。

只要心里有了责任的担当，职责的履行肯定会尽心尽力。

"二战"时期的艾森豪威尔将军就是一个受人尊重的、

有担当的指挥官。

1944 年 6 月 6 日，盟军登陆诺曼底。面对被纳粹宣传为有去无回的"大西洋长城"，战前是凶是吉难以预料。

因此，当艾森豪威尔下达作战命令之后，他坐在桌子旁边，默默地写下了一张字条，并把它放在制服的口袋里，准备一旦登陆失败，可以以这张纸条为依据发表。

字条是这样写的："我们的登陆作战行动已经失败，所有士兵，无论海、陆、空三军，无不英勇作战，鞠躬尽瘁，死而后已。假如行动中有任何错误或过失，全是我一个人的责任。"

事过多年，艾森豪威尔在接受一位学者访问时，曾经谈及此事。他说，记得在南北战争时，南军在盖茨堡一役被打败，领兵的李将军只怪罪自己。李将军写信给总统说："军队没有错，我一个人负全责。"他为此深受启发。

艾森豪威尔将军的胸怀是宽广的，形象是高大的，这都源于他有一种勇敢的责任担当。正是这种担当，促使他认真履行职责，为千百万士兵的生命负责，为取得反法西斯战争胜利负责。在责任的履行中，艾森豪威尔将军对责任的本质的理解比我们又多了一些。

强化担当，方能负重前行

歌德说："责任就是对自己要求去做的事情有一种爱。"那么强化责任担当，也是一种爱的表达。可能在一些人看来，我不是不履行责任，而是消极地去履职，因为我履职的好处我享受不到，其产生的危害想当然地认为波及不到自己。

记得前几年的"苏丹红鸭蛋"事件曝光后，记者在采访犯罪嫌疑人时收到的回答耐人寻味。犯罪嫌疑人说："这种鸭蛋我是不吃的。"那谁吃呢？在犯罪嫌疑人看来：只要我不吃，谁吃我不管。照这种错误的思路推演下去，你生产"苏丹红鸭蛋"，我就生产毒奶粉，整个社会不就乱套了？由此看来，责任意识一定要强化。这种强化要有法规约束。让人们在法律的框架内认真地履行职责，带着责任、带着担当前行在正确的道路上，让履职尽责变为一种自觉行为，用爱的力量去推动她前行。

气象专家陈金水当年从气象学院毕业后，离开山清水秀的浙江只身来到青藏高原。他在世界屋脊上建立起世界上最高的气象站。在卧室里悬挂着"祖国的气象事业高于一切"的横幅，以表明自己的心迹。他是这样说也是这样做的。在青藏高原一干就是 30 年。

青藏高原生活环境极为艰苦，终年积雪，万里无人。由于低压高寒，他吃不上煮熟的饭，吃不到新鲜蔬菜；由于缺氧，落下了心血管疾病。但他为青藏高原的气象事业，做出了开创性的贡献。

这种对事业的追求，对责任的彰显，就是一种爱的力量。这是对事业的爱，是对祖国的爱。

1898 年，居里夫妇在一间极为简陋的房子里开始提炼镭的工作。矮小破旧的实验室里，铁屑飞扬，蒸气熏人。患着结核病的居里夫人，从早到晚忙个不停：翻倒矿石，倾倒溶液，搅拌冶锅……有时忙得连饭也顾不上吃。每天居里夫妇都累得精疲力竭。

经过 3 年零 9 个月的艰苦努力，居里夫妇终于从 400 吨铀沥青矿、1000 吨化学药品和 800 吨水中，提炼出 1 克纯镭。镭的提炼成功，轰动了世界。法国要授予他们勋章，有的要出高价买他们的专利。居里夫妇公开宣布：不要勋章，也不卖专利，技术公开。这是一种何等的思想境界。

居里夫妇在科学之路中的探索过程，何止是"艰辛"一词所能概括的，当他们在实验过程中遇到困难的时候，是责任的担当促使他们继续探索下去；是对事业的一种爱的动力，让他们成功到达科学的彼岸。

正如俗话所说：把感兴趣的一点做深做大就是事业，就是责任。有了这种对责任的坚守，不管是在科学道路上的探索，还是在本职岗位上的奉献，都会风雨无阻。

一家公司需要招聘一位部门经理，可是前来应聘的许多人都没能通过董事长的面试。

一天，一位从美国留学回来的年轻博士前来应聘。没想到，董事长却通知他说："明天凌晨3点，到我家里进行考试。"

于是，这个年轻人凌晨3点就来到了董事长的家门口，可是按了半天门铃都没有人出来开门。这个年轻人只好站在外面等，一直等到早上8点，董事长才开门让他进去。

进屋后，董事长问他："你会写字吗？"年轻人说："会。"

这时董事长拿出一张白纸放在桌子上，说："请你在纸上写一个'大'字。"

这个年轻人写完后说："还需要做些什么吗？"

董事长说："没了。"

年轻人疑惑地问："这样，就考完了？"董事长说："对！考完了！"

这个年轻人感到很奇怪，这算哪门子的考试啊？

第二天，董事长向公司的监事会宣布，这个年轻人通过了考试。

董事长向大家解释说:"这个年轻人,这么年轻就获得了博士学位,他的能力一定不成问题。所以我决定考他更难的。首先,我让他凌晨 3 点来参加考试,这是在考验他的牺牲精神,对责任的担当精神,他做到了。为了考试他牺牲了他的睡眠,却没有发泄不满。接着我又考他的忍耐力,看看他能否负重前行,故意让他在外面等了足足 5 个小时,他也做到了,而且一直保持着良好的精神状态。然后,我想看看一个留美博士是否谦虚,就让他写一个 5 岁小孩都会写的字。他写了,写得非常认真,这说明他并不因为他是留美博士而骄傲,肯做小事情,不像有的'海归'眼高手低,大事一件未办,小事却一件也不愿干。这样一个既有学历,又有牺牲精神和强烈责任感的人,可谓德才兼备,是十分难得的人才,所以我决定聘用他做经理。"

具有责任担当,能够肩负着责任去对待工作、看待事业,那不是一蹴而就的,它需要长期的思想净化,多方位的素质历练,以及辛苦的付出。

大凡成功者、受人尊敬的人士,都是具有大局观念、主动担当责任的人,在人生的道路上毫不停歇地前进,不停地承担着更多的责任。反之,你不愿意负责,逃避责任,可能会有一时的利益,但是最终,吃亏的还是自己。

菜市场是许多老百姓购买新鲜蔬菜瓜果首选的地方，这里的蔬菜水果不仅新鲜而且实惠，但是，在这些水果商和菜商中，有的很老实，从不缺斤短两，童叟无欺，对顾客负责；有的不老实，故意缺斤短两，见谁宰谁。

有一个水果摊的摊主叫小荆，他看张大妈来到市场，就叫道："阿姨，我的水果好，来点回去尝尝。"张大妈看小荆很会说话，水果也鲜亮，就在他的摊位买了一些水果。

张大妈这个人有个习惯——"恋旧"。所以，之后再去市场，就会直奔小荆的摊位去，就这样一直买了一年。但偶然发生的一件事，让张大妈从此不再到小荆的摊位买东西了。

一天，张大妈看到小荆水果摊上的桃子不错，就让他给称4斤桃子。小荆称好后，把装好的桃子递给了张大妈，要了32元。

张大妈平时买水果，不大关心分量和价格，认为买得不多，即使缺斤短两也亏不到哪里去。但这回张大妈与几个老姐妹相遇，说到了买桃子的事。老姐妹们觉得重量不对，就到附近的一家商场公平秤上称了一下。

不称不知道，一称吓一跳。3斤桃子才2斤3两。张大妈怀疑自己看错了，请来售货员帮忙验证，确认就是2斤3两。

张大妈很生气，于是，拿起桃子就找小荆。张大妈和颜悦色地问小荆："是不是看错秤了？"

没想到，小荆不仅不承认自己的错误，反而骂骂咧咧地说张大妈是更年期，没事找茬，嫌贵就别买。

张大妈一看，这是一个不可理喻的人，就拎着桃子头也不回地走了。不用说，从此以后，张大妈再也没有光顾过小荆的摊位。

事后有人告诉张大妈，你没看那个姓荆的人摊位人特别少吗？不知道他的为人，买他的东西，知道他的为人谁也不会来第二次，街坊邻居都不去买他的水果。

之后，张大妈就到另一个叫李嫂的摊位买水果。由于有了前车之鉴，张大妈经常把水果拿到商场公平秤那里去检验。结果从没有缺斤短两过。张大妈终于明白了，为什么李嫂的摊位前总是人那么多。

张大妈还是个有心人，她发现这位李嫂不仅从不缺斤短两，而且如果顾客发现买回去的水果坏了，买者回来找她，她也没有二话，直接换新的。

小荆与李嫂是同一个地方来北京做水果生意的，相互熟悉，小荆说李嫂傻：不缺斤短两你能赚到钱吗？你把烂水果换了不就亏了，不赚钱，你喝西北风去吧。

市场是公平的，顾客是公正的。民众对在岗位上履职的人的评判是认真的、严肃的。小荆在生意上缺斤短两，大家口口相传，光顾他的摊位的人越来越少，他只好落荒而"逃"，而李嫂则"兼并"了小荆的摊位。

做人做事一定不要短视，别只盯着眼前利益，只想自己占便宜，算计别人，而不对他人负责，没有一点责任担当。这样做的结果，眼前是占到了便宜，但终究要吃大亏。这样的人在事业上没有前途可言，就是做个小生意也不会长久。

第六章　责任在心，执行有力

执行力就是把想法变成行动，把行动变成结果的能力。无论多么宏伟的蓝图，多么正确的决策，多么严谨的计划，如果没有高效的执行，最终的结果都是纸上谈兵。没有执行力就没有成功，执行才是硬道理。执行力决定企业的生存，决定战争的成败。不管是一个部门还是一个企业，它的成功和发展壮大必然都是执行的成功，没有执行力，哪有竞争力和战斗力？其实"执行"就是"做"，要做的事复杂程度不同，需要的做事能力也不同而已。

责任心打造完美执行力

提高执行力，各级领导是第一责任人，要起到"领路人"

的作用。领导的职责无非两条，一个是"领"，一个是"导"。所谓"领"，就是要率先垂范，以身作则，不搞特权，充分发挥领导的模范和带头作用，把领导在执行中的成果展现出来。所谓"导"，就是要在"领"的基础上，把握方向和大局，及时解决遇到的各种矛盾和问题，纠正出现的偏差和错误，积极引导团队朝着正确的方向前进，促进规划的落实，早日实现既定目标。

建安三年夏，曹操出征张绣途中，下了一道命令：各位将士经过麦田时，不得践踏庄稼，否则一律斩首。

一日曹操正在骑马行军途中，忽然一只斑鸠受惊从田中飞出，曹操坐骑因此受惊蹿入麦田，踏坏一大片麦子。

曹操立即叫来行军主簿，要求军法处置。主簿十分为难，曹操却说："我自己下达的禁令，现在自己违反了，如果不处罚，怎能服众呢？"当即抽出随身所佩之剑要自刎。

左右随从急忙上前解救。谋士郭嘉急引《春秋》中"法不加于尊"为其开脱。曹操便顺水推舟说："既《春秋》有'法不加于尊'之义，吾姑免死。"但还是拿起剑割下自己一束头发，掷在地上对部下说："割发权代首。"叫手下将头发传示三军。

将士们看后，十分敬畏自己的统帅，更加严格地遵守军令了。

现在的人觉得剪头发是件很正常的事，可是，古代人认为头发是从父母那里继承来的，随便割掉是大逆不道，是严重的不孝行为。其实这也是古代的一种刑罚，叫作"髡刑"。这种刑罚对人身没有伤害，但却是心灵上的极大处罚，尤其在古代，阶层分工明显，这种刑罚施予士人，更胜于杀掉他！曹操作为封建社会的政治家、军事家，割发代首，严于律己，诚信做事，实属难能可贵。只有信守承诺、遵守规则，这样才能服众。

项目经理老段对工作兢兢业业，严于律己，在太原建筑业小有名气。他对部属的管理也不分亲疏。在一个雨季的施工时段，为了保证工程进度，控制工程质量，他给团队人员下了一个指令：每天下班前必须把当天的质量、进度向他汇报一次，以便第二天例会协同工作，否则处以行政警告一次。一次，他的一个老工长没有把当天的进度向他做汇报。深夜，段经理打电话询问他原因，他说："加班刚刚结束，我看时间太晚，就没有汇报。"

段经理并没有因为他是老员工而迁就他，反而直截了当地对他说："不要找任何借口，项目部既然定了这个制度，提了要求，所有人都必须遵守。你是老员工更应带头执行。"老工长连连说："我错了。"连夜把工程质量、进度做了汇报。尽管如此，段经理根据规定，还是给他行政警告处罚一次。从此，在老段做这个项目期间，再也没有发生过不汇报的情况。

段经理认为：领导一个团队，既然有要求就要执行。执行的过程，既是属下的责任，也是自己的责任，更是一个团队的责任。团队不能协同作战，不能协调工作，如何实现责任的有效履行？何谈工程质量、进度标准的有效贯彻和执行？不能让团队养成寻找借口的恶习。否则，以后一遇到挫折、困难，他们就会拼命地寻找借口，而不是去想解决问题的方法。

不找借口找方法，体现的是一种完美的执行能力，一种服从、诚实的态度；一种负责、敬业的精神。在现实生活中，企业缺少的正是这种人：他们想尽办法去完成任务，而不是去寻找借口。每个组织并不缺乏伟大的战略，真正缺少的是把战略落实到位的执行力。

小邹毕业不久就负责一个重大项目的图纸审核工作（项目组的副组长）。当时，他们的项目组长是公司一个副总。集团公司规定，项目组的领导请假必须经当日值班的领导批准后，报项目组组长，再请总经理审批。

一次，总经理助理老许（项目组的副组长）请假，小邹值班，老许直接向总经理请假，没向小邹和组长请假。第二天，小邹就给了老许一个警告处罚。老许不服，告到总经理那里去了。

　　总经理说："既然定了这个制度，那就必须按这个制度执行。"项目组组长说："按现在这个制度，你这个总经理助理归我管。若我连你也管不了，我如何管其他十几个项目组成员？如何管手下几百个生产工人？咱们公司没有特权人物。小邹的处罚是有依据的、正确的。"

　　制度能否顺畅地执行，有时一个人的力量是有限的，也就是说要靠团队的力量、集体的力量，在团队内部，没有特殊员工，千万不要搞"下不为例"。

履职尽责提高执行力

　　提高执行力，各个层级的干部特别是中层干部要切实发挥"桥梁"作用，即承上启下、上传下达，既要对上级负责，又要对下级负责；既要吃透上级精神，把领导的意图完完整整地向团队传达，又要结合实际，把落实过程中出现的问题及时全面地向上级汇报。履职能力在很大程度上决定着一场战役的胜负、一个企业的生存，有时甚至能左右一个国家的存亡。

　　好的执行团队要能独立思考及独立行动，一个简单的指示，就能被创造性地执行，这就是十分强大的履职能力。一位好的团队管理者，要能够指导团队的活动和工作，还要像领导者一样有统御全局的大局意识，以及对整体行动的深度思考。

一位哲学家要乘船到河对岸，划船的船夫虽然年龄已经很大了，却一直在使劲地划船，非常辛苦。

哲学家对船夫说："老先生，你学过哲学吗？"船夫回答道："抱歉，先生，我只是一个普普通通的船夫，我没有学过哲学。"哲学家摊开双手说："那太遗憾了，你失去了50%的生命呀。"

过了一会儿，这位哲学家看到老先生如此辛苦，又说："老先生，你学过数学吗？"那位老船夫就更自卑了，说："对不起先生，我没有学过数学。"哲学家接着说："哎呀！太遗憾了，那你将失去80%的生命呀。"

就在这个时候，突然一个巨浪把船打翻了，两个人同时落入水中，船夫看着哲学家拼命地在水里挣扎，就说："先生，你学过游泳吗？"哲学家说："我没有学过游泳。"老船夫无奈地说："哎呀，那真抱歉，你将失去100%的生命了。"

我们无意去评论哲学家，但哲学家的表现，却向人们阐述了头脑中的知识与现实生活中的惊涛骇浪是不能画上等号的。

只有具有强大的行动能力，才能用自己头脑中的学问去和生活中的惊涛骇浪对抗。

参与社会的竞争需要强大的执行力。俗语说：光说不练假把式。就是在针砭那种夸夸其谈的所谓"高手"。在日常工作中，不在于我学了多少，更重要的是我们应用了多少！

执行力是把单位战略、规划转化成为效益、成果的关键。执行力包含完成任务的意愿、完成任务的能力和完成任务的程度。

对个人而言，执行力就是办事能力；对团队而言，执行力就是战斗力；对企业而言，执行力就是经营能力。而衡量执行力的标准，对个人而言是按时按质按量完成自己的工作任务；对企业而言就是在预定的时间内完成企业的战略目标。对前述小故事中的哲学家而言，就是需要具有行动能力和团队协作能力。行动能力决定了哲学家在惊涛骇浪中的自救能力。这个时候，等待是等不来安全的，也是等不来生存希望的。这个时候的哲学家需要的是团队协作能力。

"尺有所短，寸有所长。"但是，通过团队协作却能弥补此"长短"。哲学家在开船时就应该对遇到惊涛骇浪时的协同预案与老船夫进行有效沟通，如此，局面将会是另一番景象。

今天的海尔集团为什么这么强大、知名度这么高呢？其实，海尔集团也是由一个濒临倒闭的小厂发展起来的。在海尔集团，你会看见这样一个标牌：日事日毕，日清日高。海尔的所有人都会把这个作为目标。在张瑞敏把那76台冰箱砸掉后，每个海尔人的心中都刻下一道深深的永远不能磨灭的痕迹，它时刻都在提醒海尔的员工，要有强烈的责任心，做好每件小事、每个细节。

在76台冰箱被砸掉后，海尔团队里有相当一部分处于"桥梁"位置的管理团队的成员发生了变化：有的人没有了岗位，这就意味着将有新的"桥梁"架设起来；有的人怀着深深的愧疚，这就意味着这些人进行了反思，查找了原因，消除了质量隐患；有的人开始"充电"学习，这就意味着这些人加强了学习，激励着创新。

"桥梁"的作用得到了发挥，承上启下的效果就显现出来了。整个团队的士气和履职能力的提高，整个团队执行力的贯彻，以及整个团队的创新能力，都有了一个翻天覆地的变化。终于，海尔在中国市场上拿下了一块金牌，并继往开来，迈向了世界。海尔，好样的！

　　一家公司招聘高级管理人才，对一批应聘者进行复试。尽管大多数应聘者都很有自信地回答了考官们的所有提问，可结果却都未被录用，只得怏怏而去。这时，有一位应聘者，走进房间后，看到了地毯上的一个纸团。地毯很干净，那个纸团显得很不协调。这位应聘者弯腰捡起了纸团，并准备把它扔进纸篓里。这时考官发话了："您好，朋友，请看看您捡起的这个纸团吧！"这位应聘者迟疑地打开纸团，只见上边写着：热忱欢迎您到我公司任职。几年以后，这位捡纸团的应聘者成为这家著名公司的总裁。

这位应聘者到底有什么特殊才能被面试官看中了呢？应该说能够参加复试，就能力和知识而言已经是出类拔萃的了，前面的应聘者是为了应聘而应聘，眼睛盯着的只是这个职位，而最后那位应聘者则不然，他自进入应聘的房间后，不但在思考如何回答面试官的提问，还在观察：我除了回答问题以外，还能做些什么。所以，当他看到地上的纸团时，毫不犹豫地捡了起来。但在面试官看来，这个应聘者在进入面试房间后，就已经把自己视为这个公司的一员了。这样有责任心的人，还用得着担心他的执行能力吗？这就是他的特殊之处，这就是他能够从诸多对手中脱颖而出的奥秘。

强化执行能力就要尽职尽责，就要把履职能力的提高放在重要位置，向"差不多"这一类观念说再见；强化执行能力就要在履职尽责上下功夫，绝不能打半点折扣。陈鸿桥先生所写的题为《90% 的玄机》的文章中，有这样一道趣味数学题：$90\% \times 90\% \times 90\% \times 90\% \times 90\% = ?$ 结果是 59%。

如果抛开简单的数学意义，这个等式说明什么问题？它向我们述说的是：如果考试成绩以 100 分为满分，60 分是及格线，得满分貌似比较难，而 90 分就是一个可以引以为豪的分数了。工作中也是如此，很多人认为，把工作做到 60% 太危险，会被公司炒鱿鱼；做到 100% 太辛苦，也太不现实；把工作做到 90% 就已经很不错了。这种说法似乎很有道理，但工作的过程是由一个一个细微的环节串联而成的，每一个环节都以上一个环节为基础，各个环节之间相互影响的关系以乘法为基准最终产生结果，而不是百分比的简单叠加。环环相扣的一系列过程结束后，"很不错"的 90 分最终带来的结果可能是 59 分——一个不及格的分数，这就是过程控制效应。

一个集约化的现代经营过程需要经过构思、策划、设计、讨论、修改、实施、反馈、再修正等诸多环节。如果你不能在每个环节认真对待，不能对每一个环节及时反馈和完善，不致力于每一个环节的完美，而是想当然地认为"结果不会有太大问题"，那么，最终的结局可能就是这个环节你做到了 90%，下一个环节还是 90%，在 5 个环节之后，你的工作成绩就不是平均值 90%，而是 59%——一个会被激烈的竞争环境淘汰的分数。在有些情况下可能还会低于这个分数，甚至变成负数！到了那个时候，你再回过头来按照 100% 的标准进行"检修"，就可能意味着整个项目、整个工程都需要"推倒重来"，意味着时间和资源的浪费，意味着效率低下和错失时机，意味着执行力的下降和丧失。

$90\% \times 90\% \times 90\% \times 90\% \times 90\% = 59\%$，这个简单的数学等

责任感与机遇成正比。

——威尔逊

式之外的意义就是——执行过程不能打折，执行力必须精准到位！

工作中，$90\% \times 90\% \times 90\% \times 90\% \times 90\% = 59\%$ 的现象并不少见。这种现象的存在，是对敢于负责的背离，是影响工作效果的重要因素，是缺乏执行力的导火索。工作要尽职尽责，就必须克服工作打折扣、执行力不坚定的毛病。

敢于负责不是抽象的、空洞的，它是责任感、使命感的实际表现，而这种实际表现就践行在具体工作任务当中。因此，尽职尽责就要在具体工作中把每一项工作都做得合规合矩，没有瑕疵。做好了一件又一件事情，也就做好了全部的工作，而你自然也就成为一个敢于负责、有执行力的员工。

蜜蜂精神

提高执行力，团队所有成员要充分发扬"蜜蜂精神"。提高执行力的关键在于每一名员工要像蜜蜂那样真正明确和履行各自的岗位职责，执行能力是一个全员参与的系统工程，决策层有自己的职责，管理层也有自己的角色，就是普通员工也有自己的能力要求，只是岗位不同，要求不同，重点不一而已。但理念是一致——要落实，要执行。

团队所有成员要进一步树立大局意识、责任意识和学习意识，加强理论知识和业务技能学习，全面提高自身素质，充分发扬蜜蜂那种兢兢业业、任劳任怨的精神，扎实高效地干好自己的本职工作，不折不扣地落实职责要求，充分展现胜任本职工作的风采。

有位医学院教授，上课的第一天对他的学生说："当医生，最要紧的就是胆大心细！"说完，便将一只手指伸进桌子上一只盛满尿液的杯子里，接着再把手指放进自己的嘴中。随后教授将那只杯子递给学生，让这些学生学着他的样子做。

看着每个学生都把手指探入杯中，然后再塞进嘴里，忍着呕吐的狼狈样，他微微笑了笑说："不错，不错，你们每个人都够胆大的。"紧接着教授又难过地说，"只可惜你们看得不够心细，没有注意到我探入尿杯的是食指，而放进嘴里的却是中指！"

尝过尿液的学生恐怕终生都不会忘记这次教训，不注意细节，执行力越强，错误往往也越大。因为光胆大而心不细就相当于没有计划、没有方向地去努力，这样，势必会影响成果。

农夫一早起来，告诉妻子说要去耕田。当他走到 40 号田地时，却发现耕耘机没有油了；原本打算立刻去加油的，突然想到家里的三四只猪还没有喂，于是转回家去；经过仓库时，望见旁边有几棵马铃薯，他想起马铃薯可能正在发芽，于是又走到马铃薯田去；路途中经过木材堆，又记起家中需要一些柴火；正当要去取柴的时候，看见了一只生病的鸡躺在地上……这样来来回回跑了几趟，这个农夫从早上一直到太阳落山，油也没加，猪也没喂，田也没耕。

很显然，最后他什么事也没有做好。不能说农夫没有责任心，只是农夫干工作没有计划，没有既定目标。这样的人没有什么执行力，可能他的专业技能、专业知识比较好，但没有发挥出来。在应该怎样去展现执行力，应该什么时候发挥执行力方面是糊涂的，"眉毛胡子一把抓"，这样，很容易影响整个工作的进度。

有一个战例，上级要二班长带一个小组去敌占区侦察敌情，他们的主要任务是获取情报。情报的价值、情报的时效，代表了他们的执行力，代表了他们的责任心。

在接近目标区的时候，他们发现了一小股敌人。二班长忘记了这次的主要任务，开枪就打，情报还没有侦察到手，目标已经暴露，虽说消灭了三个敌人，但对于整个战斗计划的顺利实施，无疑增加了十倍百倍的难度。

二班长没有因为消灭了几个敌人受到表扬，却因为没有完成任务，进而影响了整个战斗计划而受到了处分。

良好的执行力不是不需要兼顾其他，而是要十分清楚地明白什么是重点。不清楚这些，是无法胜任本职工作的。

第七章　责任于心，奉献不止

奉献是中华民族的传统美德，也是我们心中不可缺少的存在。在当下的中国，奉献并不都是要你为国献身，做抛头颅、洒热血的壮举，多数情况下只是需要你让自己做到最好。换句话说，就是要在事业上有追求、有信仰；对工作兢兢业业、充满着创新的热忱；在人生的道路上勇挑责任的重担，把所有的正能量都在履职尽责中彰显出来。

奉献是履职的根本信念

有信念的人是有追求的；有追求的人在人生的征途上处处展现着奉献的微笑。他们因为对奉献有另辟蹊径的理解，所以在事业上获得成功。这就是奉献与信念的价值。

一位建筑商，年轻时就以精明著称于业内。那时的他，虽然颇具商业头脑，做事也成熟干练，但摸爬滚打许多年，事业不仅没有起色，最后还以破产告终。

在那段失落而迷茫的日子里，他不断地反思自己失败的原因，想破脑壳也找寻不到答案。论才智，论勤奋，论计谋，他都不逊于别人，为什么别人成功了，而自己却离成功越来越远呢？

他在街头漫无目的地闲转，路过一家书报亭，买了一份报纸随便翻看。看着看着，他的眼前豁然一亮，报纸上的一段话如电光石火般击中他的心灵。

后来，他以一万元为本金，再战商场。这次，他的生意好像被施了魔法，从起家杂货铺到接手水泥厂，又从包工头到建筑商，一路顺风顺水，合作伙伴蜂拥而至。短短几年内，他的资产就突飞猛进到 1 亿元，创造了一个商业神话。

有很多记者追问他东山再起的秘诀，他只透露四个字：只拿六分。又过了几年，他的资产如滚雪球般越来越大，达到 100 亿元。

有一次，他来到大学演讲，当有学生提问：从 1 万元变成 100 亿元到底有何秘诀？他笑着回答，因为我一直坚持少拿两分。

学生们听得如坠云雾。望着学生们渴望成功的眼神，他终于说出一段往事。

当年，建筑商在街头看见一篇采访李泽楷的文章，读后很有感触。记者问李泽楷："你的父亲李嘉诚究竟教会了你怎样的赚钱秘诀？"李泽楷说："父亲从没告诉我赚钱的方法，只教了我一些做人处事的道理。"记者显然有些不以为然。李泽楷又说："父亲叮嘱过，你和别人合作，假如你拿七分合理，八分也可以，那我们拿六分就可以了。"

说到这里，建筑商动情地说，这段采访他看了不下一百遍，终于弄明白一个道理：做人要有信念，商界最高的境界是厚道和诚实，所以精明的最高境界也是厚道和诚实。

细想一下就知道，李嘉诚总是让别人多赚两分，所以，每个人都知道与他合作会占便宜，就有更多的人愿意与他合作。如此一来，虽然他只拿六分，生意却多了一百个；假如拿八分的话，一百个会变成五个。到底哪个更赚呢？奥秘就在其中。

建筑商最初犯下的最大错误就是过于精明，总是千方百计地从对方身上多赚钱，以为赚得越多，就越成功，结果是多赚了眼前，输掉了未来。

演讲结束后，建筑商从包里掏出一张泛黄的报纸，正是报道李泽楷的那张。多年来，他一直珍藏着。报纸的空白处，有一行毛笔书写的小楷：七分合理，八分也可以，那我只拿六分。

个人发展的可持续观就是合作共赢，现今的社会更是如此。

小胜靠智，大胜靠德，厚积薄发，气势如虹。这种"智"就是履职尽责做事，诚恳诚实为人。这种"德"就是要有奉献精神，坚守合作共享才能共赢的信念。只懂追逐利润，是常人所作；知晓分享利润，才是能人所为。怀着一颗奉献之心、感恩之心去与人合作共事，你的道路会越来越宽广。

甘于奉献是青年应有的精神境界。一个人在年轻的时候，多讲些奉献，少讲些索取，多为他人着想，少考虑个人得失，才能成为品德高尚、精神充实的人。

鲍尔·海斯德是美国一位研究蛇毒的科学家。他小时候看到全世界每年有成千上万人被毒蛇咬死，就决心研究出一种抗蛇毒药。

从 15 岁起，鲍尔·海斯德就在自己身上注射微量蛇毒，并逐渐加大剂量与毒性。这种试验是极其危险和痛苦的，每注射一次，他都要大病一场。各种蛇的蛇毒成分不同，作用方式也不同，每注射一种新的蛇毒，原来的抗毒物质不能胜任，又要经受一种新的毒素折磨。

鲍尔·海斯德先后注射过 28 种蛇毒。经过危险与痛苦的试验，终于有了收获。他一共被毒蛇咬过 130 次，每次都安然无恙。

鲍尔·海斯德对自己血液中的抗毒物质进行分析，试制了抗蛇毒的药物，救治了很多被毒蛇咬伤的人。至今我们还在享用鲍尔·海斯德用生命的代价换来的成果。

鲍尔·海斯德对职业的选择，对理想的追求，对人们幸福生活的责任担当，全部浓缩为"奉献"二字呈现于世人。它时刻在昭示后人，心有远大理想，脚下踏实迈步就是对事业的热爱，对本职工作的负责。这，就是信念的力量。

奉献是尽责的应有态度

态度决定一切。用什么样的态度对待生活，就有什么样的生活现实。没有不重要的工作，只有不重视工作的人。对工作怀着认真负责的态度，工作任务就能圆满顺利地完成。

在人生的征途中，积极的态度可以使我们到达人生的顶峰，尽享成功的快乐和美好；消极的态度则会使我们整个人生缺失阳光和欢乐，进而陷入举步维艰的境地，"不幸"也就随之而来。

三个工人在砌一堵墙。路人过来问他们："你们在干什么？"

第一个人抬头苦笑着说："没看见吗？砌墙！我正在搬运着那些重得要命的石块呢，这可真是累人啊！"

第二个人抬头苦笑着说："我们在盖一栋高楼。不过这份工作可真是不轻松啊！"

第三个人满面笑容地说："我们正在建设一座新城市。我们现在所盖的这幢大楼未来将成为城市的标志性建筑之一啊！想想能够参与这样一个工程，真是令人兴奋！"

十年后，第一个人依然在砌墙；第二个人坐在办公室里画图纸——他成了工程师；第三个人，是前两个人的老板。

一个人的工作态度折射着人生态度，而人生态度决定一个人一生的成就。三个工人垒墙时的工作态度、工作表现，折射出他们的履职态度、奉献精神。在接下来人生的发展征途中，三个人就有了截然不同的结局。

每个人都有不同的工作轨迹，有的人成为单位的中流砥柱，实现了自己的价值；有的人一直碌碌无为；有的人牢骚满腹，总以为与众不同，而到头来仍一无所获……众所周知，除了少数天才，大多数人的禀赋相差无几。那么，是什么在造就我们，决定着我们的成就呢？是"态度"！

我们做任何事情，成败的关键不在于客观因素，而在于我们做事的态度。我们是直面困难、解决困难，还是回避困难、

生命跟时代的崇高责任联系在一起就会永垂不朽。

——车尔尼雪夫斯基

在困难面前放弃，这便是一个态度问题。鲁迅先生说过："真的猛士，敢于直面惨淡的人生，敢于正视淋漓的鲜血。"只要我们以积极的态度面对困难，不为困难所吓倒，就一定能够战胜困难，成为生活和工作中的勇士！

在克里米亚战争中，弗洛伦斯·南丁格尔身为一名护士，不顾个人安危奔赴前线，以其人道、慈善之心为交战双方的伤员服务。

一开始，南丁格尔的工作并不顺利，士兵们因为伤痛和不满，常常对着她大喊大叫。但南丁格尔以她的善良和精湛的护理水平，以她对待每一位伤病员如同亲人般的工作态度，赢得了伤兵们的好感。渐渐地，士兵们不再骂人，不再粗鲁地叫喊了。

夜深人静时，南丁格尔会提着一盏油灯，到病房巡视。她仔细检查士兵们的伤口，查看他们是否换过药了，是否得到了适当的饮食，被子是否盖好了，病情是否得到了控制。士兵们都被她的举动感动了，有的病人竟然躺在床上亲吻她落在墙壁上的身影，以此表示感谢和敬意。

在那个生产力水平低、物质匮乏的年代，南丁格尔面对的困难和经受的艰辛，是现在的我们无法形容和想象的，但她凭着尽责的精神和对工作坚忍的态度走了过来。

在克里米亚短短半年时间里，伤兵的死亡率由原来的

50% 下降到 22%。战争结束后，南丁格尔被视为民族英雄。由于南丁格尔在战争期间的卓越贡献，当时英国的维多利亚女王授予她圣乔治勋章和一枚美丽的胸针。

1867 年，伦敦滑铁卢广场建起了克里米亚纪念碑，为南丁格尔铸造提灯铜像，并把她的大半身像印在英国 10 英镑纸币的背面。

三个建筑工人的人生轨迹，南丁格尔的崇高形象都是他们对待工作态度的结果。它告诉我们，尽责是要用良好的态度来保障，奉献则需要有付出的精神作支撑。当今时代，一个人在一帆风顺时要珍惜工作，身处逆境或遇到困难时，更要珍惜工作。只有珍惜工作，才能对工作、对事业产生一种爱的情愫，才能释放出工作的积极性和创造性，才能百分之百地投入到工作中去，把工作视为自己的美好追求，这样才能掌握自己的命运。

奉献是责任的集中彰显

奉献是一种责任、一种承诺、一种精神。只有珍惜岗位，才能爱岗敬业，尊重自己所从事的工作，才能精通业务，不被淘汰。如果一个人连本职工作都做不好，何来奉献精神？又从何谈起奉献精神？

敬业是奉献的基础，乐业是奉献的前提，勤业是奉献的根本。在奉献前必须做好本职工作，把本职工作做完善，而不是敷衍了事、得过且过、做一天和尚撞一天钟地混日子。

我们今天讲责任、谈奉献并不是说我们一定都要做出巨大的牺牲，而是要求我们把对工作的信念、工作的态度在方向上做一个调整。

远古时代，神州大地发生了一次特大洪水灾害。为了解除水患，部落联盟会议推举了鲧去治水。鲧治水九年，却以失败告终。部落联盟会议又推举了鲧的儿子禹。

禹是一个精明能干、大公无私的人。禹请来过去治水的长辈总结失败的原因，并且经过实地考察，制订了一套切实可行的方案：一方面加固和继续修筑堤坝，另一方面，用"疏导"的办法根治水患。

禹亲自率领大家，全面进行疏导洪水的劳动。他不辞辛劳，废寝忘食，精心管理。在治理洪水过程中，禹曾三次路过自己的家门口而不入。在禹的领导下，人们经过十多年的艰苦劳动，终于疏通了九条大河，使洪水沿着新开的河道顺利地流入大海。在治水的同时，禹和治水的大军还帮助老百姓重建家园，修整土地，恢复生产，使大家过上了安居乐业的生活，完成了流芳千古的伟大业绩。

大禹对完成治理水患工作有一种强烈的责任感，这就是大禹把造福民众视为己任的集中彰显。其实，只要心里有责任、有他人，在任何时候，我们都能出色地完成任务，获得人们的敬重。

徐悲鸿把他一生节衣缩食收藏的唐、宋、元、明、清及近代著名书画家的作品 1200 余件，图书、画册、碑帖等 1 万余件，全部捐献给国家。难道他不知道这些书画的价值？徐悲鸿对这些是再清楚不过的了，但他心里装的不是个人的利益，而是社会责任。卖画固然能获得金钱，但这不是他的人生信念和追求，他的信念是奉献，对社会贡献自己最大的财富是他高尚精神境界的表达。

郑振铎向国家捐赠毕生珍藏的近十万册珍贵藏书与善本典籍，并在北京图书馆设专藏分馆，供人们研究学习。这种高风亮节的奉献精神，这种不计较个人得失的思想境界，是何等伟大！正是有了这些为社会做贡献而不求回报的人们，我们的生活才多了无限的光和热。

近代科学先驱、著名工程师詹天佑就是我国铁路建设史上难以忘却而又受人尊敬的前辈。詹天佑在国内一无资本、二无技术、三无人才的艰难局面面前，满怀爱国热情，受命修建京张铁路。他以忘我的吃苦精神，走遍了北京至张家口之间的山岭，只用了 500 万元、4 年时间就修成了外国人计划需投资 900 万元、耗时 7 年才能修完的京张铁路。

前来参观的外国专家无不震惊和赞叹。当时，美国有所大学为表彰詹天佑的成就，决定授予他工科博士学位，并请他参加仪式。可是，詹天佑正担负着另一条铁路的设计任务，因而毅然谢绝了邀请。他这种为国家不为个人功名的精神，赢得了国内外的称赞。

责任有大小之分，境界有高低之别，而奉献却没有。只要你心里充满了爱，对工作有敬业的态度，对事业有追求、有信念，那就意味着奉献的脚步已经迈开，人生就充满了阳光。

落实责任，实干担当

纵观人类进化史，落实责任始终是贯穿其中的主线。人类历史之初，责任表现为对家庭的责任、对亲人的责任、对感情的责任、对部落的责任，随着历史的发展，责任有了更多的注脚，如今，责任二字已拓展到对产品的责任、对社会的责任等。

美国著名总统林肯曾说："每个人应该有这样的信心：人所能负的责任，我必能负；人所不能负的责任，我亦能负。"因为一个承担责任的人，更容易取得事业的成功。

第八章　责任是永恒的敬业精神

　　人类文明的滚滚车轮不会停下，人类用自己的鲜血、生命和时间去书写的责任文明也注定不会断层，而落实责任也将是个永恒的主题。现今社会更应该用我们的行动去承担并落实责任，在落实责任的过程中，要有敢于承担责任的勇气；要有善于承担责任的务实精神；要有甘于承担责任的美好心愿。我们选择在一家企业工作，就需要对老板负责；我们生产某种产品，就需要对消费者负责。一个企业，无论是普普通通的员工，还是位高权重的职业经理人；无论是搞技术的，还是做管理的，每个人的工作虽然对应着不同责任，但责任却没有高低、贵贱、大小之分，每个人都应该承担起自己的责任。把自己的这份责任落实好了，实际上就是把握了自己的人生方向。

　　如果你期望能够更加主动地为所属的组织创造价值、创造业绩，以实现自己的人生价值，那么，先让自己的付出超过回报，很快你的回报就会赶上甚至超过你的付出。

梁启超曾说："人生须知负责任的苦处，才能知道尽责任的乐趣。"如果你不能在工作中负起责任，那么，你就无法体会责任的乐趣。如果你能够意识到自己的责任，那么你就会产生主动做事的欲望，并想努力去把事情做好。这样，我们就在履职的岁月中，在落实的过程中，把握了正确的人生方向。

敢于承受责任之重

生活中，每一个人都在扮演着不同的角色，每一种角色又都承担着不同的责任。成功不是一种机会，而是一种选择，敢于负责，勇于担当，才能走向成功。

承担责任没有对错，只有选择；没有该不该，只有要不要！每个人都会犯错误，而面对错误，有的人选择逃避，有的人选择直面责任。一位学者说过："有两种人是绝对不会成功的：一种是除非别人要他做，否则绝不会主动负责的人；另一种则是用心思去逃避责任的人。"

我们常听到这样一些借口：上班晚了，会有"路上堵车"、"手表停了"的借口；做生意赔了，有"其他厂商的恶意竞争"、"运气不好"的理由；工作落后了，也有"任务太难"、"时间太紧"、"同事不协助"的原因……只要想推脱，借口、理由、原因总是有的。久而久之，就会形成这样一种局面：每个人都努力去寻找借口来掩盖自己的过失，也就是说，他们都在推卸自己本应承担的责任。

黄经理是一家建筑设计公司的部门经理。有一次，他在集团公司获取到一个情报：公司高层决定安排他们部门的人员到外地去处理一项因设计而产生的施工质量纠纷。他知道这项任务非常棘手，不但牵涉到施工方，还牵涉到审图、质量监督工作，特别是甲方不好协调，要想处理妥善，并非那么容易，所以他提前一天向公司告假。第二天，集团公司安排任务，恰好他不在，便直接把任务交代给曹副经理。

曹副经理受领任务后，感到责任重大，便立即与黄经理通电话。当曹副经理向他汇报了这件事情后，他便在电话中给曹副经理安排了工作，以自己休病假为借口，让曹副经理代替自己带人去处理这项事务。处理这项事务的一些原则和具体操作办法，他在电话中也教给了曹副经理。

半个月后，事情办砸了，不但公司形象受损，还要承担部分经济损失。集团公司很不满意。黄经理怕公司高层追究这件事的责任，便以自己休病假为由，声称自己不知道这件事情的具体情况，一切都是曹副经理去处理的。按他的想法，曹副经理是总裁安排到自己身边的人，出了问题，让他承担，自己在公司高层面前还有一个回旋的余地，假若让自己来承担这件事的责任，恐怕会被降职减薪。

　　总裁在了解真实情况后，对黄经理的业务能力和人品产生了怀疑，担心黄经理把这种推卸责任的手段当成习惯，会影响公司的团结和业务的发展。于是，总裁立即对建筑设计公司的领导班子进行了调整，黄经理黯然下岗，再也不用承担这份责任了。

我们无法改变或支配他人，但一定能改变自己对责任的态度，一定能够提高落实责任的能力，在工作实践中坚定完成任务的信心和决心。只要树立起环境越艰难，越敢于承担责任、锲而不舍的担当意识，就一定能消除推脱责任、逃避责任这条"寄生虫"。

　　黄经理这样的人物和事例在我们身边并不少见，很多推脱责任的理由都是坏习惯养成的，逃避责任的借口都是我们缺乏担当造成的，这些人看似聪明，理由阐述起来看似合情合理，其实牵强附会，最终吃亏的还是自己。

　　通用电气公司前首席执行官杰克·韦尔奇曾经说过："在工作中，每一个人都应该发挥自己最大的潜能，努力工作，而不是耗费时间去寻找借口。因为公司安排你在某个岗位上，是为了让你解决问题，而不是听那些关于困难的长篇累牍的分析。"韦尔奇的话，代表了很多管理者的心声，也说出了管理者的心里话。实际上，我们经常听到的推脱责任的理由主要有以下几种表现形式：

一、"他们做决定时根本就没有征求过我的意见，所以这不应当是我的责任。"许多借口总是把"不"、"不是"、"没有"与"我"紧密地联系在一起，其潜台词就是"这事与我无关"，不愿承担责任，把本应自己承担的责任推卸给别人。

二、"这几天我很忙，但我尽量抓紧时间做。"找理由的一个直接后果就是容易养成拖延的坏习惯。如果细心观察，我们很容易就会发现，每个组织里都存在这样的员工：他们每天看起来忙忙碌碌，似乎尽职尽责了，但是，他们把本应一个小时完成的工作变得需要半天的时间，甚至更多的时间才能完成。因为工作对于他们而言，只是一个接一个的难题，他们寻找各种各样的借口拖延、逃避。这样的员工只会导致责任的落实变得遥遥无期。

三、"我以前从没那么做过，这也不是公司的做事方式。"寻找理由的人总是因循守旧的人，他们缺乏一种创新精神和自动自发工作的能力。因此，期待他们在工作中做出创造性的成绩是徒劳的。借口、理由会让他们躺在以前的经验、规则和思维惯性上睡大觉。

四、"我从来没有受过培训来做这项工作。"这其实是在为自己的能力或经验不足寻找借口，这样做显然是非常不明智的。借口、理由只能让人逃避一时的责任，却不可能逃避永远的责任。纸是永远也包不住火的，更别说责任未落到实处给工作带来的直接影响。

五、"我们不可能赶上竞争对手，人家在许多方面都超出我们一大截。"当人们为不思进取寻找借口和理由时，往往会这样说。这种习惯性说法给人带来的严重危害是让人消极颓废。

不管你的理由多么冠冕堂皇，归根到底就是你不愿意承担自己的责任，你想把责任转嫁给别人。这种消极的心态剥夺了个人成功的机会，最终让人一事无成。反之，成功的机会就是给具有担当的、有责任素养的人所准备的。

韩自宽，30多岁，在一家大型商场任部门主管。多年来从事家电方面的工作经历，让他在自己的工作岗位上游刃有余。

一天，主管人力资源的副总找他谈话。原来有一位部门经理突然辞职，留下很多需要紧急处理的工作。副总已经和其他两位部门经理谈过此事，要求他们暂时接管那个部门的工作，但是他们都以手头上工作太多为由委婉拒绝了。副总问韩自宽能否暂时接管这一部门的工作。实际上，韩自宽也很为难，因为他拿不准能否同时处理好两份繁重的工作。他仔细考虑了一下，最终还是决定接管那个部门的工作，并保证尽最大努力来完成。

接管后的第一天，韩自宽忙得不可开交。下班后他冷

高尚、伟大的代价就是责任。

——丘吉尔

静下来，认真思考自己在新的情况下怎样在同一时间里完成两份工作。他很快就制定出方案，第二天就落实了行动。比如，他与办公室工作人员约定：上午集中精力处理事务性的工作，把下属汇报工作集中安排在下午上班后的前两个小时，这之后的所有时间安排为接待、拜访时间，除非紧急而重要的邮件，一般的电话、邮件都集中安排在上午10点后和下午4点后回复，将一般会议中每人的发言时间缩短为8分钟，杜绝套话、空话，而且要有充分的准备。这样，他的工作效率有了明显提高，两个部门的工作都处理得很好。

两个月后，公司决定把两个部门合并为一个部门，全部由韩自宽负责，并且给他大幅度加薪。先前两个部门的经理虽说职位没动，但薪水却相差了一截。

韩自宽为公司做出了超值贡献，公司自然会毫不犹豫地给他加薪。当然，我们的目光不应盯着薪水和职位，而是要盯着责任和担当。在企业需要你站出来的时候，你勇敢地站出来，而且实现了企业对你的期望，每个领导都会信任有着这样责任感和主人翁意识的员工。

善于知晓责任之实

善于担当是一种难得的能力。大事难事看担当，逆境顺境看胸襟，是喜是怒看涵养，有舍有得看智慧，是成是败看坚持。

善于担当，首先要善于发现问题，分析矛盾，不急不躁，冷静处事，要具有全局和局部的辩证考虑的能力，有解决局部问题去服务和促进全局问题解决的智慧与勇气，有克难攻坚的本领。机遇常常是打扮成问题或困难来敲门的，你解决了问题、战胜了困难，你就抓住了机遇，就能脱颖而出。

麦当劳快餐连锁店前任总裁查理·贝尔是麦当劳的首位澳大利亚老板，他的职业生涯始于 15 岁。

一天，查理·贝尔看到一家麦当劳店在招聘，他想打工挣点零用钱，就去应聘了。他并没有想过以后在这里会有什么前途。他被录用了之后的工作是打扫厕所。虽然扫厕所的活儿又脏又累，但贝尔对这份工作十分负责，做得非常认真。

他对工作非常负责，常常是扫完厕所，就去擦地板；擦完地板，又去帮着翻正在烘烤的汉堡。他还能从店里员工之间的对话或表情来判断他们的情绪变化，他明白这直接影响着工作效率和服务态度。

贝尔的表现引起了将麦当劳打入澳大利亚餐饮市场的奠基人彼得·里奇的注意。没多久，里奇说服贝尔签了《员工培训协议》，让贝尔接受正规的职业培训。

培训结束后，里奇又逐步把贝尔放在店内各个岗位上，学技术，学管理，学与顾客的交流互动。虽然只是做钟点工，但悟性出众的贝尔不负里奇的一片苦心，经过几年的锻炼，查理·贝尔全面掌握了麦当劳的生产、服务、管理等一系列工作。19岁那年，贝尔被提升为澳大利亚最年轻的麦当劳店面经理。

贝尔的成功说明作为一名员工，如果你能对工作有一种强烈的责任感，善于学习，勇于担当，踏踏实实地干工作，具备了敢于负责、善于担当的能力，那么你就很容易脱颖而出，获得公司和同事的认可。因为你的责任感和不断的努力，影响着公司的员工。公司得到了长足的发展，获得尊重的自然是你。

阿尔伯特·哈伯德曾说："所有成功者的标志都是他们对自己所说的和所做的一切负全部的责任。"那些负责的人最容易受到机会的青睐和领导的赞赏。相反，有才能但不具备责任担当能力的人，有本事但对企业不忠诚的人，就没有责任担当意识，也不可能获得良好的发展。

才华出众的小高先修完了法律博士课程，后又修完了工程管理博士课程。这样优秀的人才，理应工作顺利，事业飞黄腾达。可是，他的经历却恰恰相反，最后还登上了多家企业的黑名单，成为这些企业永不录用的对象。

大学毕业后，小高去了一家研究所，凭借自己的才华，研发了一项重要技术。他觉得研究所给自己的待遇太差，就跳槽到一家私企，并以出让那项技术为条件做了公司的副总。不到三年，又一家企业以给他公司股份为诱惑，他又带着公司机密跳槽了。就这样，他先后跳槽了不下五家公司，以至于许多大公司都知道了他的品行，当他在私企发展受制后再试图跳槽时，没有一个大公司愿意接受他。最后他才发现，没有担当，频繁跳槽，出卖机密，受打击最严重的却是自己——因为被贴上了"见异思迁、不忠诚"的标签，再也没有公司愿意录用他了。

才华出众不代表你就能赢得好的事业，缺少了忠诚，缺失了担当，遇到困难就退让，遇到诱惑就失去立场，何谈责任？哪有善于担当的影子？这样的人，再多的才华也没有施展的舞台。

不忠诚的人是永远也不可能得到重用的，更谈不上在事业上有所成就。这样的员工就如同三国时期的吕布。

吕布有万夫不当之勇，却不断改投门庭。他总想通过他人铺设好的平台，来实现自己追求高阶、官运亨通的梦想，被张飞叱责为"贰臣贼子"、"三姓家奴"。《三国志》作者陈寿这样评价道："吕布有虓虎之勇，而无英奇之略，轻狡反复，唯利是视。"这段话的意思是，吕布虽有大勇，但无大谋，总是反反复复（背叛主公），不忠诚，唯利是图。吕布根本不知道责任需要担当，需要忠诚，需要脚踏实地地奋斗，最终与麾下将士离心离德，战败投降曹操，却仍然被曹操下令处死。

现实工作中同样如此，只有认真负责地工作，实践中领悟责任的实在，过程中知晓责任的存在，才可能得到公司的重用，赢得更多的发展机会。一个人把公司的责任放在心上，分内工作兢兢业业，分外工作严肃认真，到头来最大的受益者将是自己。

郑保国是一家私营企业的质检员。有一次，他看见公司的一位宣传员在为公司编撰一本宣传材料。但是，他发现这位宣传员文笔生疏，缺乏才情，尤其是对专业用语表达得不准确，编出来的东西晦涩难懂，无法引起别人的阅读兴趣。因为平时喜爱写作，有些写作功底，加上对专业知识的掌握，郑保国便主动编出一本几万字的宣传材料，送到了那位宣传员的面前。

宣传员发现，郑保国所编撰的这本材料文笔出众，用词精准，远超过自己的水平。他大喜过望，舍弃了自己编的东西，把郑保国编的这本材料交给了总经理。

　　总经理把这本宣传材料详细地看了一遍，第二天，把那位宣传员叫到了自己的办公室。一番询问，总经理得知是郑保国的劳动成果，于是把郑保国叫到了办公室。

　　"小伙子，你怎么想到把宣传材料做成这种样子的？"经理问他。

　　"我觉得这样做既有益于对内部员工宣传我们的企业文化、理念和管理制度，又有益于对外提高我们企业的声誉，提高我们企业品牌的亲和力，从而有利于我们公司产品的销售。"郑保国说。

　　总经理笑了笑说："谢谢你为企业所做的工作！"

　　这次谈话没几天，郑保国被调到宣传科，负责对外宣传。不久因为在工作中的出色表现，他被调到总经理办公室担任助理。

　　郑保国无疑是聪明的员工，他懂得责任心的体现需要才能，他懂得善于担当需要勇气。正是在生产一线对产品生产流程的熟悉和掌握，有为了公司不怕闲言碎语的担当——一个质检员为什么去编写公司的宣传材料？成名？获利？都不是。他就是受责任感的驱使——他是负责任的，更是务实的，这就是善于担当。

　　事实上，大多数领导都是十分精明的，他们都希望拥有更多优秀的员工，期望优秀员工能给企业带来更多的建议和创新。

在现实工作中，有的员工只知道抱怨公司，抱怨单位，却不反省自己的工作态度，似乎根本不知道被公司重用是建立在认真完成工作的基础上的。他们整天应付工作，更别说善于担当责任了。

1990年，樊姐大学毕业之后在一家保险公司做业务代表。保险业务是一项很让人头痛的工作，因为很多人都对保险业务员敬而远之，所以，樊姐的工作开展得并不顺利。

办公室的其他业务员整天对工作抱怨不停："如果我能找到更好的工作，我肯定不会在这里待下去。""那些投保的人太可恶了，整天觉得自己上当了。"当然，这些人只能拿到最基本的薪水。只有在业务部经理的催促下，或者是"胡萝卜加大棒"的政策下，才有一点点进步，否则就是原地踏步，甚至退步。

樊姐和他们不一样。尽管樊姐对现状也不是很满意，但是樊姐没有怨言，也没有放弃，因为她知道，与其说是放弃工作，不如说是在放弃自己对事业的追求。在这个世界上，没人强迫你放弃自己的信念和追求，除非你主动放弃。樊姐还相信，努力是没有错的，努力会让平凡单调的生活充满乐趣，让充实的生活去感受责任的存在。

于是，樊姐主动去寻找客户。她熟记公司的各项业务内容，以及同类公司的业务要求，对比自己公司和其他同类公司的不同之处，让客户自己去选择。樊姐发现，其实有些人很希望多了解一些保险方面的常识，但是他们对保险业务员的反感使他们在这方面的知识有很大的缺口与需求。樊姐研究这些情况之后，主动在社区里办起"保险业务小常识"的讲座，免费为大家讲解。

人们对保险有了更多的了解之后，也对樊姐产生了很大的信任。这时，樊姐再向这些人推销保险产品，大家不再反感，很多人还都乐于接受。很快，樊姐的业绩取得了突飞猛进的增长，当然薪水也有了很大的提高。

樊姐的成功说明了这样一个道理：努力工作就是对自己负责。

这就是一种责任的落实，也是对善于担当责任的一种表达。当你尝试着对自己的工作负责时，你就会发现，自己还有很多的潜能没有发挥出来，你要比想象中的自己出色很多倍，你会在平凡单调的工作中发现更多的乐趣。最重要的是，你的自信心还会得到提升，因为你能做得更好。

生活总是会给每个人回报的，无论是荣誉还是财富，条件是你必须转变自己的思想和认识，努力培养自己尽职尽责的工作精神。一个人只有具备了尽职尽责的精神之后，才会产生改变一切的力量。

当你尝试着对自己的工作负责的时候，你的生活会因此改变很多，你的工作也会因此而改变。事实上，改变的不是生活和工作，而是一个人的工作态度。正是这种工作态度的不同，把你和其他人区别开来。

对工作负责，就是对自己负责。你的尽心尽力得到了公司的认可，自尊受到了敬重，自信也会逐渐得到提升。更重要的是，你获得乐趣的同时也获得了生存的资本，提升了自身的价值和竞争力。

勇于负责，会让你在工作中出类拔萃，取得优异的成绩，这样你自然比别人更能获得加薪和晋升的机会。勇于负责，会让你敢于承担更大的责任，积极主动地为公司发展出力流汗、献计献策，这样你自然会得到公司的认可。

甘于感受责任之美

甘于担当源自坚守的忠诚。人生需要担当，事业也需要担当。甘于担当、敢于担当、善于担当，既是公民的职责所在，也是大众的立身之本。

杨善洲，在位时一心为公，退休后放弃安逸的晚年生活，一腔热血浇得荒山变绿洲。整地、育苗、植树，他都亲自上，这苦一吃就是 20 年。

等到荒山绿树成荫，他却毅然把价值 3 亿的林场捐给了国家。

"杨善洲，杨善洲，老牛拉车不回头，当官一场手空空，退休又钻山沟沟……"民间传唱的这句歌谣就是对一名党员干部无限忠诚，执着坚守共产党人的精神家园，甘于担当的生动诠释。

人要有担当精神，就要有一心为公、心里有他人的情怀，祛除身上的俗气，忘利、忘名、忘我，为党、为国、为民担当，风雨无阻，乐于用自己的"辛苦指数"提升人民群众的"幸福指数"。

古今中外为国为民、忧国忧民的志士仁人，都是甘于奉献、甘于担当而又内心充实的人。东晋的祖逖就是如此。

晋朝时，外敌侵占中原。祖逖危难中请命，带着一小支队伍横渡长江。船到江心，祖逖手拿船桨，拍打船舷，向大家发誓："我祖逖如果不能扫平占领中原的敌人，决不再过这条大江。"

祖逖敢于担当的气概和豪情，甘于担当的热情，感动和激励了随行的壮士，大家没有把艰苦、疲劳、牺牲当作负担，而把它升华为胜利后的精神满足。果然黄河以南的大片领土很快得以收复。

祖逖中流击楫的英雄气概和敢于担当的勇敢精神，一直被后世所敬仰和传颂。

自古以来，中华民族一直就有这样一些敢于担当的人，他们怀抱"天下兴亡，匹夫有责"的崇高信念，秉承"士不可以不弘毅"的昂扬斗志，立志"为天地立心，为生民立命"，为国家和社会做出了巨大贡献。他们敢于担当又甘于担当的勇气、良知和才干，也赢得了无数人的赞叹。

在平凡的劳动岗位上，在人生的整个进程中，机遇与挑战时刻并存，困难与希望永远同在。我们无论干什么工作，从事什么职业，都要有以天下为己任的担当精神和责任意识，事不避难、忠诚履责、专心致志、勇于担当，做好自己的工作，在担当中感受责任带给我们的快乐。秦文贵的成长、成才经历，就是最好的证明。

1982 年，秦文贵从华东石油学院毕业，他毫不犹豫地选择了位于柴达木的青海油田钻井工程处。他的理想就是为我国的石油事业贡献自己的青春年华。有了这种甘于担当的志气，阳光就占据了他的心灵。

在前往柴达木油田花土沟之前，秦文贵设想过花土沟的艰苦，但来到实地，眼前艰苦的程度还是超乎了他的想象。

秦文贵至今还记得当时的情景：几间低矮破旧的泥坯房，就是办公室；几顶帐篷，就是职工宿舍。家属来了没有地方住，就在帐篷的四角各挡上一块布，每家住一角。帐篷不够住，有的职工干脆在荒滩上斜着挖一个坑，支上废钻杆，铺上油毛毡，就住到了里面。

这种"房屋"从外面看上去与荒漠没有什么差别，人称"地窝子"。秦文贵刚到花土沟时，常被从"地窝子"钻出来的人训斥，因为他踩到了人家的"房顶"。

在这片戈壁荒漠里，秦文贵一干就是二十多年。这二十多年，大漠的风沙吹粗了他的皮肤，高原强烈的紫外线晒黑了他的面庞；这二十多年，他对打钳子、甩钻杆、扶刹把、下套管等这些钻井的每一道工序都了如指掌。

经过不断钻研、不断琢磨，他练就了一套"千里眼"、"顺风耳"的本领。只要看看板房灯光的亮度，他就知道启动了什么电机设备；只要听听钻机的声音，他就能判断出钻机是否出现毛病，哪儿有毛病。1995年，秦文贵在处理一口井的技术套管事故时，脑海中突然闪现出一个大胆的设想：如果能简化套管程序，将能节省大量的开支。

为了攻克这项技术难关，他放弃了冬休，送走了前来探亲的妻子和孩子，一头扎进研究中。当秦文贵拖着疲惫不堪的身子回到家时，他的妻子、女儿几乎认不出他来了：形销骨立，满头华发。妻子心疼地说："文贵，你刚刚34岁，头发怎么都白了呀！"

秦文贵现任中国石油天然气集团总公司市场部副主任。他先后荣获团中央、全国青联授予的"中国青年五四奖章"（1997年）以及"集团公司特等劳动模范"称号。2009年9月10日，与王进喜、王启民等中国石油3名英模当选"100位新中国成立以来感动中国人物"。

"扫钻台、擦机器、收工具……这个农家出身的大学生任劳任怨地干着，而且干得一丝不苟。""他与工人们一起摸爬滚打，最苦最累的活他抢着干，最危险最艰难的事他抢着上。""他沾满油污的双手冻裂了，他的双唇结成了血痂，他那乌黑的头发变成了花白。秦文贵全然顾不了这些，他只希望实验能够早点成功。"这些描述就是对他敢于负责的工作态度的一种诠释。

担当、奉献、履职，就是一种爱，就是对自己事业的不求回报的爱和全身心的付出。对一个有追求的人而言，就是要在这份爱的召唤之下，把本职工作当成一项事业来热爱和完成，从点点滴滴中寻找尽责的乐趣。

敢于负责，甘于担当，踏实肯干是事业辉煌的基石。人们常用"事业辉煌"来相互祝福，可如何才能事业辉煌？我们不否认事业辉煌需要机遇、需要资本，甚至需要伯乐的相助，但同时，事业辉煌最重要的机遇、最重要的资本、最重要的伯乐，就是甘于担当。

任大忠 13 岁外出打工，初中未毕业，做过木工、维修工。现今他资产过亿元，管理着 700 多人的工厂，是当地的纳税大户，称得上事业辉煌。他的辉煌事业是如何取得的？简单说来，就是他的"勇于负责、甘于担当"。

1993 年，任大忠来到东莞四海电子厂打工。他非常珍惜这份工作。在工作中，他总是任劳任怨地包揽了很多事情，常常一个人完成几个人的工作量。进入四海公司三个月后，公司总经理就将他的工资提高了一倍。由于工作勤奋，老板便更加信任任大忠，逐步将他升为主管，将一些重要的工作任务交给他来处理。

1997 年，任大忠来到兴旺五金厂任职机修师。在这里，他依然秉承着勇于负责甘于担当的精神。有的同事技术上有不足，他常在半夜两三点钟还待在车间里指导他们。对于公司布置的工作任务，任大忠从来是不说二话，想方设法去完成。

正是有了这份责任心和敢于负责的精神，再加上他的勤奋与诚恳，任大忠再次得到了领导的赏识。

公司不但非常器重他，还提出了与他合股。任大忠说："当时，公司效益增长很快，为了扩大企业规模，经理决定新购一批科技含量比较高的机器设备，扩大产业链。由于我懂一定的技术，公司提出跟我合股，由我负责该项目，利益五五分成。"就这样，任大忠从一名普通的员工变成了公司的合伙人。

2003 年 9 月，任大忠自己创办的五金制品公司正式投产。

一个文化水平不高、没有资金、没有背景的打工青年，怎么会成就如此辉煌的事业？这源于他的敢于负责，甘于担当；源于他的真诚，他的勤奋，他的任劳任怨。

由此可见，一个人要想成就辉煌的事业，把握自己的人生方向，年龄不是问题，背景不是问题，资本也不一定是问题。如果说事业的舞台是一个圆的话，那么"敢于负责"就是这个圆的半径。换一句话来讲，是否敢于负责决定着一个人事业舞台的大小，决定着一个人事业舞台的宽窄。落实责任、勇于担当是一个永恒的主题，不懈地坚守，一定能够把握人生的方向。

第九章　落实责任，需要持开放的态度

　　落实责任简单来说就是把自己的本职工作按时保质地完成好。在完成自己任务的同时，持开放的态度，只有这样，才能达到事半功倍的效果。

　　开放的态度就是要用包容的心态或者宽容的行动对待与我们完成任务有关联的所有人和事。不怕吃亏，不怕担责，善于学习，勇于创新。

明确责任，勇敢面对

　　敢于负责，工作才能做到位，才能及时地、保质保量地完成上级交给的工作任务。这种工作效果，能让组织放心，会让领导和群众满意。因此，敢于负责的人，领导也愿意把重担交给他。因为他非常清楚自己的职责，在整个工作任务完成的过程中，勇敢地面对困难的挑战。

1963年8月28日，在华盛顿广场的林肯纪念堂前，马丁·路德·金发表了著名的《我有一个梦想》的演说。之所以发表这个演说，是因为他要为美国黑人争取民主平等的权利，并把它确定为自己奋斗终生的职责，尽管他也知道前面的路途异常艰辛。

演说中，他声情并茂地说道：

朋友们，今天我要对你们说，尽管眼下困难重重，但我依然怀有一个梦。这个梦深深根植于美国梦之中。

我梦想有一天，这个国家将会奋起，实现其立国信条的真谛：人人生而平等。

我梦想有一天，在佐治亚州的红色山冈上，昔日奴隶的儿子能够同昔日奴隶主的儿子同席而坐，亲如手足。

我梦想有一天，甚至连密西西比州——一个非正义和压迫的热浪逼人的荒漠之州，也会改造成为自由和公正的青青绿洲。

我梦想有一天，我的四个孩子将生活在一个不以皮肤的颜色，而是以品格的优劣作为评判标准的国家里。

今天，我仍有这个梦想。

我梦想有一天，亚拉巴马州会有所改变——尽管该州州长现在仍滔滔不绝地说什么要对联邦法令提出异议和拒绝执行——在那里，黑人儿童能够和白人儿童兄弟姐妹般地携手并行。

今天，我仍有这个梦想。

《我有一个梦想》被公认为美国演讲史上最优秀的演讲之一。它的诞生并不是神来之笔，而是马丁·路德·金把为黑人争取平等权利当作自己职责的呐喊，是他尽责的表达。

马丁·路德·金明白，要想达到自己的目标，就要通过不懈地努力，认真地履行职责，在履职中摆正自己的位置。如何引导黑人民众获得平等民主的权利？暴力？黑人的力量与当局的力量完全不在一个水平线，这无异于以卵击石。非暴力？可行，但民众需要宣传和引导。这就是马丁·路德·金的智慧，他在尽责中的正确选择，他在向目标迈进时持有的开放态度！

马丁·路德·金在确定了自己的责任以后，就以一种开放的思路去履行职责——非暴力运动，他成功了！以文明的方式引导黑人民众争取平等公正的权利，他坚持把自己摆在参与者的队伍里而不是以救世主的姿态去指手画脚，带头落实自己的责任，他，成功了！

所以，我们落实职责，实现奋斗的目标，不管你的目标有多么宏大，责任的担子有多么沉重，尽责的道路有多么坎坷，都要在这个过程中持有一个开放的态度，善于包容，不断学习；都要明确自己的职责，摆正自己在履职过程中的位置，勇敢地面对各种挑战。

站稳立场，坚守忠诚

责任是一种与生俱来的使命。中国有句古话："天下兴亡，匹夫有责。"从某种意义上来讲，责任的大小也就决定了一个人人生意义的大小。只有担负起足够大的责任，排除干扰、站稳立场，在履职中坚守自己的信念，才能激发出我们内在的巨大潜力，使我们的人生焕发出绚丽的光彩。

忠诚不仅是一种品德，更是一种能力，而且是其他所有能力的统帅与核心。缺乏忠诚，其他的能力就失去了用武之地。

优秀的企业需要的不是只有能力的员工，而是忠诚且有能力的员工。的确，忠诚不能代替工作能力，但忠诚是一个控制能力发挥的开关，只有拥有最纯粹的忠诚才可以让一个员工毫不犹豫地在企业之中将自己的能力发挥到极致。这样的员工才值得得到公司的信任，可以让公司把企业利润和未来托付给他。而忠诚的人，自己的价值也会得到体现。

美国前教育部长威廉·贝内特曾说："工作是需要我们用生

　　尽管责任有时使人厌烦，但不履行责任，只能是懦夫，不折不扣的废物。

　　　　　　　　　　　　　　　　——刘易斯

命去做的事。对于工作，我们又怎能去懈怠它、轻视它、践踏它呢？我们需要尽职尽责地去把它们做好。"所以说，无论我们的工作性质是什么，只要能以诚实的劳动创造出价值，以尽责的成功造福于人民，就会获得人们的尊重和爱戴。英雄飞行员李剑英就是如此。

李剑英，河南郑州人，空军上校军衔，历任飞行员、飞行中队长、领航主任等职。

2006年11月14日，李剑英在完成飞行训练任务驾机返航途中，遭遇鸽群撞击，发动机空中停车。此时，李剑英跳伞就能保住自己的生命。

从鸽群撞击点到飞机坠毁点，2300米跑道延长线的两侧680米范围内，分布7个自然村，居住着3500口人。当时飞机上还有800多公升航空油，120余发航空炮弹，还有易燃的氧气瓶等物品，如果跳伞后飞机失去控制，坠入村庄，后果不堪设想。

从飞机与鸽子相撞到迫降只有16秒的时间。16秒的时间内，为了保护人民群众生命安全和国家财产安全，他先后三次放弃了跳伞逃生的机会，毫不犹豫地选择了迫降。迫降过程中，飞机受到高出地面水渠护坡阻挡，爆炸解体，李剑英同志壮烈牺牲。

在16秒时间里，他用生命谱写了人民军队爱人民的赞歌。正是军人的浩然正气与感恩之心，塑造了一位真正的英雄。正是视职责为天职的人民子弟兵，才敢于在面对生与死的挑战时，有着坚毅的立场。22 年的飞行生涯，可命运只给他 16 秒！因为他是一名军人，自然把生命的天平向人民倾斜。飞机无法转弯，他只能让自己的生命改变航向。人民敬仰英雄，敬仰的是他对责任的履行，敬仰的是他在履职中生命的坚守。

其实在我们日常生活中，更多的是平常的生活，而平常的生活、平凡的工作岗位也能看出一个人的履职修养和工作态度。

我们对待工作的态度，决定了工作的质量，工作的质量又决定了我们自己的前途。忠诚于工作，就是忠诚于自己。

工作中要有自己的立场和道德标准。一些人只知道享受好的工作环境，要高薪、坐高位，却抱着消极的态度对待自己的工作，轻视自己的工作。这种人无论对自己还是对公司而言都是失去价值的人。

"一周两美元的工作，还值得认真去做？"与约翰·格兰特一同进公司的年轻同事不屑地说。然而，格兰特却把这个简单得不能再简单的工作干得非常认真。

经过几个星期的仔细观察，年轻的格兰特注意到，每次老板总要认真检查那些进口的外国商品的账单。而那些账单使用的都是法文和德文。于是，他开始学习法文和德文，并开始仔细研究那些账单。

一天，老板在检查账单时突然觉得特别劳累和厌倦，看到这种情况后，格兰特主动要求帮助老板检查账单。由于他干得实在是太出色了，所以之后的账单自然就由格兰特检查了。

一个月后的一天，格兰特被叫到办公室。老板对他说："格兰特，公司打算让你来主管外贸。这是一个相当重要的职位，我们需要认真负责、能胜任的人来主持这项工作。目前，在我们公司有20名与你年龄相仿的年轻人，但只有你看到了这个机会，并凭你自己的努力，用实力抓住了它。我在这一行已经干了40年，你是我亲眼见过的三位能从工作中发现机遇并紧紧抓住它的年轻人之一。其他两个人，现在都已经拥有了自己的公司。"

格兰特的薪水很快就涨到每周10美元。一年后，他的薪水达到了每周180美元，并经常被派到法国、德国谈生意。他的老板评价说："约翰·格兰特很有可能在30岁之前成为我们公司的股东。他已经从平凡的外贸主管的工作中看到了这个机遇，并尽量使自己有能力抓住这个机遇，虽然做出了一些牺牲，但这是值得的。"

约翰·格兰特的成功，没有什么惊人之举，就是对待工作有忠诚之心，能够在平凡的工作中善于学习，在学习中去提高履职的水平和能力。

落实责任，保持平常心

敢于担当，重在责任的承担。面对工作压力，面对事业的进步，面对失败和挫折，面对荣誉和掌声，始终要有一颗平常心，持开放的态度包容一切。

如果你是一名图书管理员，经过辛勤的劳动，在整理书籍的过程中，便会感觉到自己每一天都在获取一些知识，取得一定的进步。如果你是一位教书育人的老师，每天怀着一种积极的心态备课、教书，就会从按部就班的教学工作中，感受到园丁浇灌花蕾的快乐。有了这种平常的心态，你在工作的过程中，就会变得非常有耐心，甚至会越来越积极向上。

法国巴黎的卢浮宫收藏着著名印象派画家莫奈的一幅画，画面描绘的是女修道院里厨房的情景。画中，工作在厨房里的是一群天使：一个正架着水壶烧水，一个正优雅地提起水桶，另外一个则穿着围裙，伸手去拿盘子。从画面上看，这些天使们正在做着生活中最平凡的工作。但是，他们都聚精会神、全神贯注地努力工作着，似乎就是我们身边的场景，非常平凡。

正是这一颗颗坚定、认真的平常心，让人们肃然起敬。

普通员工小刘在谈到她被破例派往国外公司考察时说："我和同事徐哥虽然同样都是研究生毕业，但我们的待遇并不相同，他职位高一级，薪金高出很多。庆幸的是，我没有因为待遇不如人就心生不满，仍是认真负责地做事。当许多人抱着多做多错、少做少错、不做不错的心态时，我尽心尽力做好我手中的每一项工作。我甚至会积极主动地去找事做，了解领导还在关注的地方、同事还需要协助的地方。在后来挑选出国考察人员时，我是唯一一个资历浅、级别低的普通员工，这在公司里是极为少见的。"可见，坚守一份平凡的工作，保持一份平常的心态，踏踏实实地付出，你的价值大家都看在眼里，可谓"是金子在哪里都会发光"。

成功学大师阿尔伯特·哈伯德在《把信送给加西亚》一文中如此写道："我钦佩的是那些不论老板是否在办公室都会努力工作的人，这种人永远不会被解雇，也永远不必为了加薪而罢工。"不要以为自己付出的比收获的要多，其实，如果我们能怀着平常心，多付出一点并不会失去什么，反而让我们有了从平凡中脱身，成为卓越者的可能。

作为职员，你应该记住：责任和机会是成正比的。没有责任就没有机会，责任越大机会越多，拥抱责任就是拥抱机会。

新时代的中国工人许振超就是如此。

　　最普通的岗位——吊车司机；最单调的工作——把货物从码头吊上车船，或是从车船吊到码头。30 个春秋就这样悄然而去。然而，人们说，30 年来，从他坚守的这个普通的操作台上流泻出的，不是单调的音符，而是一曲华美的乐章。

　　他，就是青岛港的吊车司机，一个只有初中文凭的桥吊专家，一个一年内两次刷新世界集装箱装卸纪录的人——许振超。

　　"干活不能光用力气，还要动脑筋；干一行，就要爱一行，精一行。"1974 年，许振超初中毕业后到青岛港当了一名码头工人。他操作的是当时最先进的起重机械——门机。许振超勤学苦练，7 天就学会了，成为所有学习的工人中第一个能够独立操作机械的人。

　　然而，会开容易开好难。师傅操作门机，钩头起吊平稳，钢丝绳走的是"一条线"；到了许振超手里，钩头稳不住，钢丝绳直打晃。特别是矿石装火车作业，一钩货放下，洒在车外的比进车内的还多。看到工人们忙着拿铁锨清理，许振超十分内疚。

　　为了早日掌握这项技术，每次作业完毕，别人休息了，许振超还留在车上，练习停钩、稳钩。四五个月后，他开的门机钢丝绳走起来也一条线了，一钩矿石吊起，稳稳落下，不多不少，正好装满一车皮。这手"一钩准"的绝活，很快就被大家传开了。

1984年，青岛港组建集装箱公司，许振超当上了第一批桥吊司机。许振超又钻研上了。桥吊作业有一个高低速减速区，减速早了装卸效率下降，减速太迟又影响货物安全。于是，他带上测试表反复测试，终于成功地将减速区调到最佳位置。以前一台桥吊一小时吊14~15个箱子，改革后能吊近20个箱子，作业效率提高了1/4。

"咱当不了科学家，但可以做个能工巧匠。"

一次，队里的一台桥吊控制系统发生了故障，请外国厂家的工程师来修。专家干了12天，一下子挣走4.3万元。这件事深深刺痛了许振超。他想，如果自己会修，这笔钱不就省了吗？

然而，桥吊的构造很复杂，即使是学起重机械专业的大学生也至少得实践几年才能够处理一般性故障。许振超虽然只有初中文化水平，可为了攻克这门技术，他着了魔似地钻研，而控制部分是外国厂家全力保护的尖端技术——不仅没提供电路模板图纸，就连最基本的数据也没有。许振超偏偏不信邪，用了整整4年时间，一共倒推了12块电路模板，画了二尺多厚的电路图纸，终于攻克了技术难点。这套模板图纸后来便成了桥吊司机的技术手册，成为青岛港集装箱桥吊排障、提效的"利器"。

许振超总是谦虚地说："装卸效率是集体协作的结晶，现代化大生产说到底最需要团队协作。仅凭我一个人，就是一身铁又能打几个钉。"就这样，许振超和他的工友们创下了每小时单机效率 70.3 自然箱和单船效率 381 自然箱的世界纪录。"振超效率"扬名国际航运界！

许振超这种"干一行，爱一行，精一行"的敬业精神，在当前我国高技能工人尚未完全适应经济快速发展需要的情况下尤为可贵。据统计，我国技术技能劳动者有 7000 多万人，而高级技工仅占 4%。在发达国家，这个比例则为 30%~40%。工人技术素质整体偏低，这已在相当程度上影响了我国企业的生产效率和竞争力。

许振超就是一位学习型、创新型、敢于负责的优秀产业工人。他爱岗敬业，不仅自己大胆进行技术创新，练就了高强的本领，还带出了一支"技术精、作风硬、效率高"的优秀团队，创造出世界一流的工作效率，不忘初心，在平凡的岗位上做出了不平凡的贡献。

正如爱因斯坦所说："我要做的只是以我的绵薄之力来为真理和正义服务。"许振超正是以他的"绵薄之力"在平凡和普通的岗位上出色地履行了职责。正是这种"绵薄之力"，用一种开放的态度、创新的精神影响着我们每一个人对责任的理解与认知。

第十章　责任成于细节

"泰山不拒细壤，故能成其高；江海不择细流，故能就其深。"我们做一件事，如果把握好了每一个环节，把责任融入每一个细节之中，那么，终端结果的完美必将水到渠成。

"细节决定成败"其实是一个很朴素，而且操作简单的道理，只是人们在实践中往往太容易忽略一个又一个看来微不足道，实际上却影响全局的细节，才使得本来可以预期的成功，由于过程管理在细节上存在诸多疏漏而归于失败，这样的教训我们应该时刻铭记。

责任一旦开始履行，可以说是由若干个细节的累积或者叠加而构成结果。重视了细节，成功就有了保证。

细节代表专业

老子说："天下难事，必做于易；天下大事，必做于细。"成功人士区别于平庸之人的突出特征就是能抓住稍纵即逝的机会。细节像人体的细胞一样，虽小却举足轻重。能够把握细节就能于无声处听惊雷，就能找到人生的突破口。

能否注重细节，把握细节，往往还要看你是否对它进行了深入研究，换句话说就是你是否专业。只有比别人更专业，对细节的把控更到位，成功率才会更高。

在职业棒球队中，一个击球手的平均命中率是 25%，也就是每 4 个击球机会中，他能打中 1 次。凭这样的成绩，他可以进入一支不错的球队做个二线队员。而任何一个平均命中率超过 30% 的队员，则会是响当当的大明星了。每个赛季结束的时候，只有十一二个队员的平均成绩能达到 30%。除了享受到棒球界的最高礼遇外，他们还会得到几百万美元的工资，大公司会用重金聘请他们做广告。

但是，请思考一个问题：伟大的击球手同二线球手之间的差别其实只有 5%。每 20 个击球机会，二线队员击中 5 次，而明星队员击中 6 次——仅仅是一球之差！

很多时候，人生也是一场棒球赛，从"不错"到"极品"往往只需要一小步。千万不能小瞧了这"一小步"，这可是需要坚持不懈勤学苦练的细节作基础。赛场上的汗水只是赛场以外汗水的九牛一毛，没有赛场外的挥汗如雨，不把击球的细节做到淋漓尽致、尽善尽美，成功与他是没有关系的。

任何成功人士都是从平凡的岗位做起的，他们在平凡的岗位上比别人更注重工作中的小事和细微之处，把细节做得比别人更专业，一步一步从平凡走向卓越，从而最终实现事业上的成功。

细节是成功之门的钥匙，在工作中把握住细节才能把握住成功。良好的工作态度会让我们在工作中找到乐趣，让我们更加关注工作的细节，在工作中发现机会，最终实现自己的人生理想。

余祺霞在大学毕业后幸运地进入了一家知名的广告公司工作。这让她十分兴奋，期待着自己在工作中能有所成就。然而，工作一段时间后，余祺霞发现公司安排给新人的工作都是一些琐碎的事情，例如整理资料、复印文件、收发传真等。

一同进来的几个新人做了一段时间后，都觉得这些工作太简单，没有什么技术含量，时间一长，都有些厌烦，于是便经常找借口推脱。

　　余祺霞开始也觉得每天做的这些工作很无聊，回到家后她向母亲倾诉工作中的烦恼。母亲告诉她："小事都做不好，大事更无从谈起！不要小看身边的小事，如果你能注意到工作中的细节，把它们做好，你就会从中学到很多知识。"

　　听了母亲的一番话后，余祺霞改变了工作态度，不再像其他同事一样整天发牢骚，而是想办法将自己的工作做得更好。有时看到别人不愿意做的小事，她主动接过来做，这样，她一下子忙碌起来了。她在打资料的同时，学会了商务文件和合同的撰写方法；在收发传真时，她尽量记住这些收发传真人的名字，当有人打电话不知道该找谁时，她就会尽量帮他们找到所要找的人。慢慢地，办公室的很多人有事外出时，都喜欢把工作委托给她做。这样，她在一年的时间内几乎掌握了办公室所有岗位的工作。

　　余祺霞一点一滴的进步都被经理看在眼里，于是，经理就开始选择一些业务上的工作让余祺霞去做。因为工作出色，她被调到了经理办公室，做了经理助理。没有多久，余祺霞就成为一个部门的经理。

　　所以，做任何事情，都要注重细节、研究细节。看不起小事、不愿做小事的员工，就是看不起自己的工作，对工作没有应有的责任心。殊不知，如果你连工作中的小事都做不好，别人又岂能相信你具备做大事的能力？公司又怎么会放心把重任交给你呢？在其位履其职，你既然选择了这个工作岗位，就要对它负起责任。

美国一个冰箱厂的推销员向经理提议，应该向北极的爱斯基摩人推销冰箱。因为爱斯基摩人居住的地方非常冷，他们把猎取的食物放在冰窖里储存，当再次食用时，需要花费很长时间来为食物解冻。而冰箱的冷藏功能，能很好地解决这一问题。

把冰箱推销到北极去，在别人看来似乎是一个笑话，可是这个推销员，却能从爱斯基摩人所处的环境上看到商机。为什么他能想到这一细节，而别人却想不到呢？那是因为他是以积极主动的态度去对待工作。用心工作的员工才能注意到工作中的细节，才能在细节中发现机会，创造未来。在销售环节上，这个员工的市场要比其他员工的市场大很多。

同一家企业中的员工，工作时间基本都是一样的，为什么同样的工作时间中，有人能抓住机遇获得事业的成功，有人却只能在自己的工作岗位上庸庸碌碌，没有成绩？那是因为他们在工作中对细节的态度不同。

车站窗口的售票员，每天的工作就是对顾客微笑，简单的加减乘除；公司里的一名职员，每天做的只是接听电话、整理报表之类的小事；一个流水线上的工人，每天重复做着同一项工作，重复同一个动作，而且天天如此……你是否因此感到厌烦？是否认为这些工作都毫无意义，只是在浪费自己的宝贵时间？是否会因此而抱怨、推三阻四、敷衍塞责？如果是，那么就说明你是工作中的被动者，被动者是要被市场淘汰的。

被动地去工作，去完成任务，是不能主动地担负起自己的责任的，也就谈不上把工作的细节做专业了，自己的宏伟理想，远大抱负和前途，都在细节的缝隙中流走了。

美国鞋业大王罗宾·维勒在创业之初，由于工厂设计的皮鞋款式比较新颖，质量也有保证，投入市场后，受到顾客的热烈欢迎，纷纷抢购。这使得罗宾·维勒接到了许多的订单。但是由于当时罗宾的工厂还处于起步阶段，规模还比较小，皮鞋很快就供不应求了。

这就意味着要扩大工厂规模，多招聘一些制鞋工人。可是当时有制鞋经验的工人比较短缺，所招到的技术工人数量远远不够。如果接到订单不能及时付货就意味着工厂要支付巨额的赔偿。

为了能解决这一问题，罗宾·维勒召集了全厂的员工开会研究应对方案。会上大家想了很多办法，但都不能从根本上解决问题。正当大家为此伤透脑筋的时候，有一个小工人站了起来，怯生生地说："我认为，即使雇不到技术工人也没关系，我们可以利用其他的方法来解决问题。"

罗宾说："除了雇佣工人这个办法外，还有其他更有效的方法吗？"小工人说："我们可以用机器来做鞋，提高鞋的产量。"

　　小工人说完这句话后，立即引起哄堂大笑。因为当时制鞋都是手工作业，从来没有用过制鞋的机器。大家都认为这个小工人是异想天开，于是都笑着说："孩子，我还从来没见过什么机器会做鞋呢！你能制造出这样的机器吗？"

　　罗宾·维勒听了小工人的话，陷入了深深的思考中。他觉得这位小工人的办法很好，他指出了大家思考的一个盲区。以前大家总认为要想增加产量只能多招工人，特别是有经验的工人，却从来没想过用机器来提高生产效率。

　　经过四个月的研制，罗宾·维勒的工厂终于生产出制造皮鞋的机器，大大提高了工厂的制鞋效率，从根本上解决了人手不够的问题，更是解决了由于工人技术水平的参差不齐而造成的鞋子质量问题。为此，罗宾·维勒奖励给这位小工人 500 美元的奖金。

　　正是由于罗宾·维勒的工厂发明并使用了制鞋机器，使美国的制鞋业开始步入了用机器生产鞋子的时代，他的工厂也发展成为当时最大的制鞋企业，罗宾·维勒也由此成为美国著名的鞋业大王。

　　为什么这个小工人能想出其他人想不到的办法呢？那是因为这个小工人能站在公司的角度去思考问题，注意到了他人注意不到的细节和思考的盲区，为公司找到了解决问题的办法。

　　一个对工作、对公司不负责任的员工，是不会对工作认真思考、积极对待的，更不可能关注到工作中的细节，也就谈不上工作上的专业了。他们遇到困难的时候只会一味地消极等待，怎么可能会想到办法呢？只有那些把公司的事当成自己的事的员工，才会在做好本职工作的同时，积极为公司献计献策，才会注意到工作中别人注意不到的细节。

用心落实细节

"一树一菩提，一沙一世界，一花一天国。"生活的一切原本都是由细节构成的，如果一切归于有序，决定成败的必将是微若沙砾的细节。细节的竞争才是最终和最高的竞争层面。

一个企业的运转，一个部门的协调，实质上是很多细节管理的堆积，干工作虽然是抓主要矛盾，但是主要矛盾也是由无数个细节有机结合而成。所以，细节是不容忽视的。

随着经济的发展，专业化程度越来越高，社会分工越来越细，也要求人们做事认真、精细，否则会影响整个社会体系的正常运转。一台拖拉机，有五六千个零部件，要几十个工厂进行生产协作；一辆小汽车，有上万个零件，需上百家企业生产协作；一架"波音747"飞机，共有450万个零部件，涉及的企业单位更多；一艘宇宙飞船，则要几万个协作单位生产完成……

　　我们生到这个世界上来，是为了一个聪明和高尚的目的，
必须好好地尽我们的责任。

——（美国作家）马克·吐温

在这由成百上千，乃至上万、数百万的零部件所组成的机器中，每一个部件容不得哪怕是 1% 的差错。否则，生产出来的产品不单是残次品、废品的问题，甚至会危害生命。

要想保证一台由无数零件所组成的机器的正常运转，就必须通过制定和贯彻执行各类技术标准和管理标准，从技术和组织管理上把各方面的细节有机地联系协调起来，用认真负责的态度把每个细节落实到位，把细节的落实具体到点，具体到人，形成一个统一的系统，才能保证其生产和工作有条不紊地进行。在这一过程中，每一个庞大的系统是由无数个细节结合起来的统一体，忽视任何一个细节，都会带来想象不到的灾难。

美国质量管理专家菲利普·克劳斯比曾说："一个由数以百万计的个人行动所构成的公司，经不起其中 1% 或 2% 的行动偏离正轨。"

所以，注重细节、把小事做细是一个比较难的事。无论做人、做事，都要注重细节，从小事做起，用心做起。

一家研究机构同时招聘了三个新员工，分别叫熊彦、董志兵、马强。他们在公司有三个月的实习期，期间公司每个月对他们进行一次考评。实习期过后，公司将会从他们三个人之间选拔一人，淘汰两人。由于这家研究机构待遇优厚，知名度高，又有很大的发展空间，所以熊彦、董志兵、马强都非常重视这份工作。

为了确保自己能被留下，他们每天都拼命工作，从来不迟到早退，有时候周末都不休息。在工作之余，还经常帮助办公室打扫卫生、收发资料，非常勤奋，深得大家的好评。

公司的部门经理对他们十分关心，经常在下班后到他们的宿舍去跟他们沟通交流。三个月考评结束，马强两次第一，熊彦一次第一，董志兵每次与第一名只有0.1~0.3分的差距。

三个月后，公司宣布董志兵留下任职，马强、熊彦遗憾离开。出于对年轻人的关怀，部门负责人张经理给马强、熊彦送行并疏导思想。

张经理未等他们询问离开的原因，就说道："你们三个人在实习期的工作表现都非常出色，不仅能很好地完成公司交与的工作任务，和同事也相处得很融洽。这让公司很难做出选择。于是，为了更进一步了解你们，我便经常到你们宿舍去跟你们聊天。在你们的宿舍我发现了一个现象：晚上你们都不在宿舍的时候，马强、熊彦的床头灯和电脑总是开着，董志兵的床头灯和电脑则是关着的；再者，你们都在宿舍看书，但只有董志兵看的是与这次合同有关的德文资料。这些又是考评中没有的内容。"

马强、熊彦恍然大悟，输得心服口服。

细微之处见精神。越是小事越能反映出一个人的综合素质。就像一滴水可以折射出太阳的光芒，从一个人的一言一行之中也可以看出这个人的道德修养和对待工作的态度。优秀的员工在工作中不仅会认真对待工作大事，更不会忽视工作中的细节。这样的员工才是公司最需要的员工。

对个人而言，细节是决定事业能否成功的关键；对于企业而言，员工的行为则可以显示出一个企业的亲和力，可以代表企业的形象，展现企业的文化精神。

迪士尼乐园作为享誉全球的游乐园地，非常注重员工的工作细节，让游客在游玩的过程中从每一处细节得到舒适、美好的体验。

如果一杯可乐不小心掉在地上，一般来说，就是保洁人员用拖布把地上的可乐擦干净就行了。但是在迪士尼，保洁人员会一边招呼客人不要踩到地上的可乐，一边把吸水纸铺在有可乐的污迹上，用吸水纸吸干，接着再把一些清水倒在污迹上，用软布反复地擦洗，直到吸水纸上看不到痕迹为止。

从诸如此类的小事上，我们可以看到迪士尼注重细节的企业精神、企业文化。如果一片污迹不能被彻底地处理干净，污染范围就会扩大，会直接破坏迪士尼乐园的环境，进而影响到乐园的整体形象。这本来是常识，很多企业没有做到，迪士尼乐园做到了。它做大做强就合乎情理了。

迪士尼为了使顾客满意，在细节方面投入了大量的精力。一次，迪士尼的总裁沃尔特·迪士尼在迪士尼乐园游览了一个景点，花费了 4 分钟的时间。而这个景点的广告上说的是要花费 7 分钟。看到出现这样的失误，沃尔特很生气，因为这会让游客感到自己受了欺骗。这完全违反了迪士尼的企业观念，没有达到质量要求。沃尔特说，绝不能容忍细节上的粗心大意，那样很容易让游客们怀疑迪士尼的信誉。

正是这种全心全意的服务宗旨和对每个细节的一丝不苟，使得迪士尼从管理层到普通的清洁工和售票员，都能关注细节。

为了使公司全体员工对细节更加关注和重视，迪士尼会让主管们每隔一段时间就来到乐园，客串基层工作者，例如充当导游、卖爆米花等，目的就是为了让他们在工作一线的体验过程中，能直接和游客交流，全面听取顾客的意见和投诉，更好地检讨工作中可能存在的问题。

正是由于迪士尼对细节的完美追求，保证了产品和服务的高质量，吸引了更多游客来到迪士尼乐园游玩，使迪士尼取得了巨大的成功。

其实生活就是由无数细节组成。生活质量的高与低，生活态度的好与坏，生活过程的酸、甜、苦、辣都是一个个微小的细节串起来的。试想，假如我们在学习上关注细节，那一定会收获更多的知识，积淀更多的涵养，充实宝贵的人生；假如我们在工作上关注细节，那一定会避免很多的失误或差错，会尽善尽美地办好每一件事情；假如我们在为人处事上关注细节，那一定会更多地考虑彼此尊重，以求和睦相处，合作愉快；假如我们在社会交往中关注细节，那一定会结识更多的朋友，做更多的善事，坦然面对，无私奉献……这就是细节，这就是生活，就是细节决定的生活。

在职场上，如果你想把平凡的事情做好，就需要比其他人付出更多。只有付出才有回报，你只要抱着一颗诚挚的心，养成良好的承担责任的习惯，把工作当成自己的事业去做，把平凡的事情做到不平凡，你就会取得事业的成功。

一次，马克在上班途中，招手搭了一辆出租车。上车后，他发现这辆出租车不仅车身很干净，而且车内布置得也十分舒适典雅，司机穿着一身非常整洁的服装，让马克感到十分舒服。

车子发动后，司机很热情地问马克车里的温度是否舒适，是否想听音乐或收音机。马克选择了听古典音乐。在浪漫的古典音乐中，马克感觉心情特别放松。等红灯的时候，这位司机告诉马克，说车上有今天新出的早报，还有一些新版杂志，可以在车上阅读。如果口渴，汽车的冷藏箱里有可乐和果汁，保温瓶里还有热咖啡。

听到这些，马克非常吃惊，因为他第一次在出租车上享受到这么好的服务。他不禁看了一下司机，司机充满快乐的表情让马克的心情也随之明亮起来。

快到一个十字路口时，司机对马克说，前面的道路在这个时间段经常堵车，我们走高速会更快一些。马克同意后，司机把车开到了高速上。这时司机对马克说，如果您想休息或看风景，我就会静静开车；如果您想了解这个城市的风土人情、景点和路线都可以问我；如果您觉得无聊的话电台有访谈节目可以陪您聊天。

司机这些周到的服务，让马克十分好奇。马克不禁问道："你是怎样想到为顾客提供这些细致又周到的服务的？"

司机说，其实以前他也经常抱怨自己的工作太单调、无聊而且又很辛苦。但是有一天，他在广播中听到了一段富有哲理的话，让他很有感触。那段话的大意是：你怎样对待生活，生活就会怎样对待你。如果你微笑着面对生活，那么生活也会用微笑来回报你。这样，你工作的所有细节都会充满快乐感！如果你觉得生活过得不顺心，一脸的阴沉，那么做什么事情你都会觉得自己很倒霉，哪有责任可言？更谈不上为顾客提供细致入微的服务了，到头来，受影响的还是自己。

从那一天起，司机就决定改变自己的人生。于是，他把车子从里到外彻底清洁了一遍，想办法完善自己的服务，让自己遇到的每一位乘客都能开开心心。

不经意间，出租车到达了目的地。司机下了车，帮马克打开车门，并且还送给马克一张名片："希望有机会能再次为您服务。"马克把名片放了起来，决定有机会还坐这位司机的出租车。后来马克发现，在美国经济不景气的时期，很多出租车司机的生意都受到了影响，但是这位出租车司机却很少出现空车现象。因为很多客人坐过他的车后，都非常愿意再次乘坐，很多时候都是客人在出门前就会预订好他的车。

正是由于这位出租车司机能以良好的态度面对工作，完善工作中的每一个细节，全心全意地投入工作之中，所以，他不仅自己感觉到工作带来的快乐，而且还得到了更高的收入。无论你从事什么岗位的工作，只要你能注重细节，在细节落实的整个过程中尽职尽责，即使你的工作很平凡，你也能够做出不平凡的成绩来。

细节是平凡的、琐碎的，很容易被人忽视。但是细节对任何事物都有着不可估量的重要作用，它在不断积累中会让人们的命运发生改变。

细微之处见责任

"千里之行，始于足下，九层之台，起于垒土。"认真负责做好身边琐碎的小事，干好别人不在意的工作细节，是成就一番事业的必备要素。平常拒绝做小事，想要关键时创造奇迹，那才是痴人说梦。

某校曾经做过一个实验，在教学楼门厅处放了一片纸，看看谁最先把它捡起来。结果该中学七年级一班学生高红敏是第147个经过这片纸的同学，她把纸片捡起来了。看似简单的事情，但前边146个同学为什么都没捡呢？不注意细节，没有养成维护公共场所卫生的责任习惯。我们很多人实际上就是犯了这样一个错误，整天想着干大事情，小事情不屑一顾，结果到最后什么都没干成。正所谓：小事不想干，大事干不了。

所以，必须从小事做起，从细微处入手。在小事中发挥责任的价值，在细微之处感受责任的厚重。

海尔总裁张瑞敏说："什么是不简单？把每一件简单的事做好就是不简单；什么是不平凡？能把每一件平凡的事做好就是不平凡。"

有些人奉行做大事，认为自己高人一等，胜人一筹，从而忽视小节，结果不但没有提升自己，反而屡遭挫折。因为他们不明白，浩瀚的大海是由一滴滴水汇聚而成，茂盛的森林是千百棵参差不齐的树木连接而成，骄人的战绩更是无数细小的成功凝聚而成。我们只有把握生命中的细节，带着责任感去感受过程中的细节之美，才会取得成功、享受生活。

工作之中无小事，不放过工作当中的每个细节，把简单的事情做好了，在简单的事情之中展现出高度的责任感，你就会成为不简单的人。

菲利是费城一家百货公司的营业员。一天下午，一场大雨袭来，街上的很多行人都纷纷躲进附近的商店避雨。这时，一位被大雨淋得湿透的老妇人，步履蹒跚地走进菲利所在的百货商店。营业员们看到这个老妇人穿着十分简朴，就没有理睬她。菲利看到这种情况后，主动迎上前去，诚恳地问道："夫人，请问我能为您做点什么吗？"老妇人说："谢谢，不用了，我在这儿避避雨，一会儿就走。"菲利说："没关系，我给您搬一把椅子，您坐着休息会儿吧。"老妇人十分感谢菲利，向他要了一张名片。雨停后就离开了。

几个月后，这家百货公司的总经理收到了一个装修整栋大楼材料的订单和一封来信。信中要求公司指派菲利来负责这笔订单，并且还把自己家族的几个大公司的一个季度的采购办公用品的工作交给菲利。

总经理粗略计算了一下，这笔订单带来的收益，竟相当于百货公司三年的收入总和。于是总经理赶紧与写信的人取得联系，才知道写信的人原来是那天来避雨的老妇人。而这位老妇人正是美国亿万富翁钢铁大王卡内基的母亲。

总经理知道了事情的全部经过后，赶紧把此事上报给董事会。董事会便让菲利成为百货公司的合伙人。几年后，菲利凭借着他对工作细心认真和尽职尽责的态度，成为钢铁大王卡内基的得力助手，在美国钢铁行业中闯出了自己的一片新天地。

菲利的成功在于他能认真对待工作中的小事和细节，并没有因为是小事而忽略它，这让他在工作中获得了良好的机遇，从而走向了成功。这就是良好的责任素养在菲利身上的体现，更是一种对工作热爱的激情。

工作之中无小事，作为一名员工，一名对事业有追求的有识之士，任何时候不要忽视小事，轻视细节，忘记责任，工作中每一件小事都值得我们用心去做，远大的理想要靠我们每一天认真地面对。只有小事做好了，大事才能成功。

科利尔和莎莉斯在同一家酒店上班。在工作中，他们发现很多住酒店的客人并不喜欢到酒吧、赌场、健身房、电影院等人多的场所进行放松的休息活动，而是喜欢静下心来找一个安静的地方读书。在酒店里，时常有客人询问，酒店里能不能提供一些名著让他们阅读。但是，酒店由于受条件所限，并不能满足这些客人的需要。科利尔经过一段时间的细心观察，发现这一消费人群的数量相当庞大。

现代社会中，人们承受的工作压力比较大，在休假旅游的时候，有一部分人喜欢寻找刺激的地方来发泄和释放自己，另一部分人则喜欢找一处环境优美、安静的地方，静静地看书，来放松自己的心情。于是，科利尔和莎莉斯决定针对这一类的顾客专门开一家旅馆。

为此，她们在美国俄勒冈州的纽波特海湾的一个小镇上，购买了一幢楼房，经过装修后取名为"西里维亚旅馆"。这个小镇风光秀丽，海风习习，远离大城市的喧闹，居民们过着宁静而惬意的生活。科利尔和莎莉斯认为，这里非常适合那些喜欢读书的游客在这里度假。

为了使旅店符合这部分顾客的要求，更具特色，西里维亚旅馆的房间里没有电视，没有酒吧，没有健身房，甚至连游泳池都没有。她们用世界名著的作者的名字或者小说的主人公的名字来为旅店的每一套房间命名，而且按照房间的名字对其进行布置和摆设。如果你来到"福尔摩斯客房"，就会看到衣帽架上挂着小说中福尔摩斯的黑披风和帽子，桌子上放着大烟斗，此时如果你再翻阅屋里放着的《福尔摩斯探案集》，就有一种身临其境的感觉；在"海明威客房"中，摆放着一架老旧的打字机，墙壁上挂着一只羚羊头，每天早上你可以从这里看旭日从大海中初升，这会让你立刻联想到海明威小说《老人与海》中的动人情节，让你迫不及待地想阅读这部小说。

旅馆的这些独特的布置，让前来住宿的游客终生难忘，很多游客甚至忘了旅馆原来的名字，称它为"小说旅馆"。

由于西里维亚旅馆特点鲜明，客户群体针对性强，客人们来到这里还能与有共同爱好的朋友进行感情上的交流，因此，一传十，十传百，客户群体扩大至对新事物感兴趣的人群。很多游客都喜欢来到这里阅读书籍、静心思考，使得住店的人数与日俱增。现在要想在这个旅馆里住宿，都需要提前预订。旅馆的经营获得了巨大的成功。

科利尔和莎莉斯正是由于在工作中注意到了别人没有注意到的细节，并且抓住了这一机遇，她们才获得了成功。这个机遇不管你发现与否，它都是存在的，谁能在细微之处用心观察，用责任心去思考，用行动去创新实践，谁就能获得机遇的芳心。

其实平凡的工作中，往往蕴藏着很多成功的机会。只要你能用心工作，细心观察，善于思考，就会从中发现机遇。但是，机会的把握是要靠真心地付出，而不是去钻营，去投机取巧，如果这样的话，那就弄巧成拙了。

小成利用暑假的时间到建筑公司打工，他每天需要做的工作就是给瓷砖浇水。瓷砖在铺设前必须浸透，否则铺设后很容易空鼓。每块瓷砖必须浸两遍才算完成工作，第一次和第二次要间隔几分钟时间。浸瓷砖的水需要从远处拎过来，很耗费体力，刚开始的一周，小成严格按照规定的两遍来给瓷砖浇水和清洗，可是后来他发现，每次给瓷砖少浸水一遍，不但可以大大提高工作的速度，而且用水也减少了，劳动强度也减少了，表面上也看不出少一遍的区别。而且，工资是按瓷砖面积支付的，小成为自己能找到这个省力又不减少收入的办法而沾沾自喜。

但是，很快问题就暴露出来了，工程监理发现瓷砖大面积空鼓。查找原因分析发现，除了工人操作时砂浆饱满度不够外，又发现小成去自备井打水不多。经询问和核实，小成承认为了自己工作轻松没有按照标准给瓷砖浸水。在监理的建议下，小成由于对工作太不负责任而被开除了，并且，因为给工程造成了损失而受到了应有的处罚。

瓷砖浸水两遍和一遍，从表面看没有什么不同，可是实质上大不相同，这直接关系到工程质量。看似这只是整个工程中的一个小细节，但这个细节对个人来说代表了一个人的素质，一个人的责任心；对企业来说，代表了一个企业的形象，影响着一个企业的声誉。所以，责任里面无小事，关注细节更重要。

把细节和小事做到位才能做大事，才能成就事业。相信小成会汲取这件事情的教训：工作需要责任，责任需要落实，细微之处更能体现责任的精髓，成绩要靠诚实的付出，没有捷径可言，千万不可投机取巧。

王倩是一家服装公司办公室的普通员工，因为刚到公司不久，她是公司中职位最低的一个，也是待遇最差的一个。

但是她并没有因为自己的待遇和职位不如别人就心存不满，而是仍然认真地做好工作中的每一件事情。

一天中午，办公室的其他人都下班去吃饭了，只有王倩一个人留在办公室收拾东西。这时，公司经理来到办公室，他想找一些资料。王倩说："虽然这些资料并不是由我保管的，但我还是会尽快帮您找到，稍后我会把资料送到您的办公室。"很快，她就与同事取得联系，利用午休的时间将这些资料整理并简单地分类，在下午上班前放在经理的办公桌上。

这件事情以后，王倩就引起了经理的注意。经理发现王倩对工作十分认真负责，而且不管领导在与不在都是一样的兢兢业业，能把工作中的一些小事和细节做得十分到位，十分有责任心。

不久后，王倩就被提升为经理助理，薪资待遇也提高了不少。

如果你想要受到公司的青睐，成为公司真正需要的人才，那你就要切实地负起责任来，把全部心思用在工作上，把工作中的细节做好，把他人没想到的细节想到。用实际行动去体现责任，用工作业绩证明自己的价值。不要计较自己的得失。工作没有做好不要埋怨别人，不要强调客观原因，要多在自身上找不足。

第二次世界大战时期，因为降落伞的安全性能达不到美国空军要求的标准，军方和降落伞制造商之间发生了分歧和争论。原来，降落伞制造商觉得，在他们的不懈努力下，降落伞的合格率已经达到了99.9%，这意味着降落伞的质量已经接近完美，而军方则要求降落伞的合格率需达到100%，因为99.9%的合格率就意味着在1000名跳伞的士兵中，有一位伞兵会因为降落伞的质量问题而失去生命。

降落伞制造商对军方的看法不以为然，他们认为世界上没有100%的绝对完美，除非出现奇迹，否则任何产品的生产都不可能达到100%的合格率。

军方和厂商的交涉未果，军方便改变了降落伞的检查方法，成功地使降落伞的不合格率变为了零。这个办法就是：军方决定每次从厂商交货的降落伞中，随机挑出两个来，让厂商的负责人和一个质检员穿上，然后亲自从飞机上跳下，来检测降落伞的质量。这个检查方法实施后，制造商充分意识到降落伞100%合格率的重要性。从规章制度的修订到生产线上的工人、质量检查人员都行动起来了，每一道生产工序，每一个生产环节，每一批原材料的进出手续都严格按规定操作。于是，奇迹出现了，降落伞的合格率迅速达到了100%。

责任感的强弱，决定了一个人工作质量的高低。责任意识可以让员工在工作中注意到细节，在整个工作过程中体现责任的存在，追求工作的高标准，从而保证产品的高质量，保证企业的市场竞争力，使企业能在激烈的社会竞争中获得最后的胜利。

注重细节是提高企业整体管理水平的一条切实有效的途径，只有真正做到持之以恒地抓细节，不断改进每一处工作细节，才能起到立竿见影的效果。能否不断接近完美，取决于从理论到实践的最后一个环节——工作的每一个细节。

企业决策中，细节很重要。决策需要落到实处才能真正发挥效用，落到实处在细节上要下真功夫，否则就如同一纸空文，不会对企业产生任何影响。现实中有很多企业都是因为决策落实不到位而导致企业走入困境的。而那些优秀的企业，因为执着于每个细节，让每个员工在细节中承担责任，使企业的每个决策都能迅速到位，从而有效地解决了企业管理运营中存在的问题，提高了企业产品和服务的品质，从而使企业逐步走向完美。

任何事业的成功都不是一蹴而就的，任何高楼大厦都是一砖一瓦盖起来的。要想成功，要实现自己的人生目标，需要把每一步都走好、走踏实，需要把每个细节的责任落实到位。细微之处体现责任，才能实现自己的目标，到达理想的彼岸。

参考文献

1.陈荣赋，高凯编著．低调做人、高调做事．北京：新世界出版社

2.严家明著．岗位在哪里，责任就在哪里．北京：人民邮电出版社

3.周沫著．工作关键在于落实．北京：中华工商联合出版社

4.张心萌著．工作就是责任．北京：中国致公出版社

5.刘玉瑛著．工作要敢于负责．北京：机械工业出版社

6.施伟德著．功劳胜于苦劳．北京：新世界出版社

7.【美】彼得·德鲁克著，王永贵译．管理　使命　责任　实务．北京：机械工业出版社

8.路大虎著．落实力决定成败．浙江：浙江人民出版社

9.刘淑霞著．细节决定成败．北京：新世界出版社

10.魏桂东著．像军队一样去落实．北京：中央编译出版社

11.王华欣编著．责任保证绩效．北京：东方出版社

12. 白岛编著 . 责任比黄金重要 . 天津：天津科学技术出版社

13. 程平著 . 落实责任，执行到位 . 北京：台海出版社

14. 赵一鸣主编 . 责任忠诚专注 . 新疆：新疆美术摄影出版社